山地高陡复杂构造地震信息精细解释技术

罗仁泽 著

科 学 出 版 社

北 京

内 容 简 介

本书内容包括：针对主要目的层进行（国家标准、行业标准、企业标准）剖面地质评价；精确标定地震反射地质界面；主要反射层波形特征描述；通过对区域构造应力场分析，确定研究区的构造样式；通过地震反射剖面结合研究区的构造发展史及构造运动期次，编制构造演化剖面；根据地震反射剖面上同相轴的振幅、频率、相位、波形、时变规律等特征，进行地质层位的精细追踪对比；依据地震反射剖面上的断面波、同相轴分叉合并、相邻、相交剖面的构造部位，结合相干数据体、属性分析及沿层相干切片分析断裂的展布特征，进行断层面的空间闭合；参考切片指导断层空间闭合和断层平面组合。利用钻井和测井资料，结合地质露头、区域厚度和速度资料及地震反射剖面结构，建立适合研究区特点的时深转换速度场，编制地震反射构造图及埋深图，并对成果图件的可靠性进行评价。

本书适用于地震勘探的本科高年级学生、地球物理勘探硕士及博士研究生，尤其对从事地震资料解释工程实践和技术研究人员具有指导作用。

图书在版编目（CIP）数据

山地高陡复杂构造地震信息精细解释技术/罗仁泽著. —北京：科学出版社，2018.01

ISBN 978-7-03-055217-4

Ⅰ.①山… Ⅱ.①罗… Ⅲ.①山地–地震反射波法 Ⅳ.①P631.4

中国版本图书馆 CIP 数据核字（2017）第 273905 号

责任编辑：罗 莉 / 责任校对：王 翔
责任印制：罗 科 / 封面设计：墨创文化

科 学 出 版 社 出版

北京东黄城根北街 16 号
邮政编码：100717
http://www.sciencep.com

四川煤田地质制图印刷厂印刷

科学出版社发行 各地新华书店经销

*

2018 年 1 月第 一 版 开本：787×1092 1/16
2018 年 1 月第一次印刷 印张：17
字数：406 068

定价：248.00 元
（如有印装质量问题，我社负责调换）

前　　言

　　油气勘探是一项高风险的生产活动，为了最大限度地降低勘探风险，山地高陡复杂构造精细解释技术面临巨大的挑战，即如何真实地反映地腹构造形态，查明断裂的空间展布规律，精细描述储层的厚度分布情况，提供钻探井位，为勘探开发提供可靠的基础资料，提高钻探成功率，获得良好的经济效益。

　　要进行山地高陡复杂构造精细解释就必须充分理解地质任务及要求，全面收集基础资料：了解研究区的行政区划、地理位置、地形地貌、交通、水系、厂矿分布、主要农作物、主要经济作物、温差、降水量等情况；区域构造位置、地层发育特征，不整合面的类型及分布，各地层单元的厚度特征、岩性特征、构造特征、沉积相特征；研究区勘探历程、地震勘探程度、钻探程度、油气藏分布及三级储量情况、油气井点分布、圈闭分布情况等；项目研究需要使用的各种基础资料的收集、分析、整理情况，包括测井曲线的校正、钻井分层的调整、地震资料的叠后处理等。

　　山地高陡复杂构造精细解释必须严格对所获得的地震反射剖面，按照国家标准、行业标准、企业标准进行剖面地质评价；确定区内构造样式类型及地震反射标准层；采用多种手段精细标定地质界面，包括 VSP 走廊叠加、合成地震记录、"穿鞋戴帽系领带"、邻区剖面引入、钻厚资料、区域地层厚度资料、格架剖面等引入地质层位；利用地震波的动力学原理及运动学特点采用强相位、波组关系、相邻剖面对比、跳线对比等方法，确保解释方案的合理性，同时考虑相邻剖面的构造形态及断层的展布规律等作出合理的地质解释。纵观全区剖面对比中各主要反射层波形特征及波组关系，在测线边缘部位和构造复杂带对比相对较困难时，通过借助上、下波组关系及地层厚度进行对比追踪。

　　根据地震反射同相轴错动、扰动、能量变化等特征，结合相干、曲率等属性变化特征与地质戴帽相结合，利用断层两侧反射波不连续，正确识别地震反射剖面上的较大的断层，精细解释断层的断点位置、产状、断距。通过相邻测线剖面特征对比，综合分析区内断层性质，进行断层组合，描述区内断层的展布规律。相邻测线相同构造部位、向上断开层位向下消失的地层基本相似；按照构造运动期次及研究区内的滑脱层对断层进行分级，利用相干体数据及沿层相干切片分析断层延伸情况，进行断层的平面组合及空间闭合。

　　利用典型剖面结合研究区在地史发展中所经历的构造运动期次，制作构造演化剖面。在进行时-深转换速度模型的制作前，首先对研究区内及邻区钻井的速度进行分析，了解各控制层的速度在平面上的分布规律；然后，根据钻井数据和井旁地震道反射时间反算出基准面至第一层地质界面、第一层至第二层、第二层至第三层……至最深层及最深层以下的层速度；对计算机绘制的速度平面分布图不合理的地方进行人工编辑修改，使速度的变化趋势更加符合地质规律，并与实钻井资料进行对比，检查采用速度的合理性。

　　山地高陡复杂构造精细解释成果的可靠性与野外采集的地震资料品质密切相关。经过精细处理获得的叠前时间偏移剖面应当波形活跃、特征明显、波组关系清楚，回转波、绕射波归位合理、断点清晰可靠。纵向上主要目的层反射层次分明、同相轴光滑连续易于追踪对比解释；没有钻井控制的地质界面，其速度采用区域速度结构及邻区建立的速度场，其准确性有待落实，因此其埋藏深度的可靠性有待于后期钻井资料进一步验证。

　　本书得到西南石油大学地球科学与技术学院、国家重点研发计划《超深层重磁电震勘探技术研究》项目（子课题编号：2016YFC060110603）以及天然气地质四川省重点实验室开放课题基金（项目编号为2015trqdz06）资助，在此表示感谢。

　　在本书的撰写、出版过程中，得到了川庆钻探工程有限公司地球物理勘探公司地震资料解释老专家、在地震资料解释第一线辛勤工作近五十年的周茂林高级工程师的鼎力相助，他在本书的整体构思、书稿编辑及修改方面协助作者做了大量工作，在此向周茂林老师表示深深的谢意和敬意。另外，也感谢川庆钻探工程有限公司地球物理勘探公司的鼎力相助以及西南石油大学给予的众多关心和支持。在本书编辑过程中，解读和参考了大量相关文献，引用了其中部分代表性文献，感谢这些同行的艰辛付出以及为地球物理技术发展所做出的贡献。

目　　录

1 山地高陡复杂构造概述

1.1 山地高陡复杂构造地貌特征

纵观四川盆地的地貌特征，川东高陡复杂构造区的地貌表现为起伏剧烈，沟堑纵横、切割厉害、相对高差达 1500m 以上。山地的特点是包含了众多的山脉或高山的区域，如四川盆地华蓥山以东的地区是由多条近北东向平行相间的山脉和洼地组成山地高陡复杂构造带，其山脉高陡、险峻，海拔为 1500～3000m；洼地较为开阔，海拔在 200～800m。

从地震勘探的角度来说，山地的地理条件比较恶劣，野外施工组织的难度较大。更重要的是，山地的构成往往为地层强烈褶皱再经风化剥蚀的产物，地表岩层坚硬、破碎，甚至倒转，地腹断裂发育，特别是山地高陡复杂构造顶部的灰岩出露区地震资料品质相对较差。

根据海拔将山地划分为高山、中山及低山。海拔 3500m 以上为高山，海拔 1500～3500m 为中山，海拔 800～1500m 为低山，见图 1-1。

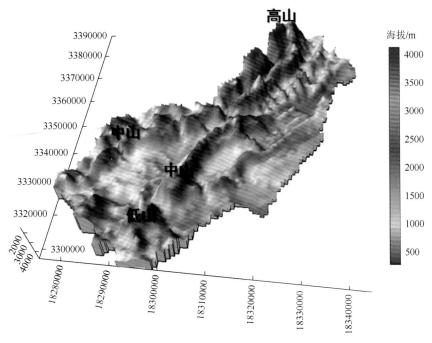

图 1-1 山地地貌示意图

四川盆地为四面环山的菱形盆地，盆地周边山脉多为海拔 1500～3500m 的沿北东向和近北西向展布的高山，山势雄伟，峰陡谷深。盆地西部分布有邛崃山、二郎山、峨眉山、

大凉山；东部分别为巫山、金佛山；北部分布有大巴山、米仓山、龙门山、茶坪山，南部
分布有大娄山、五莲峰；总体地貌趋势为西高东低的特征，见图1-2。

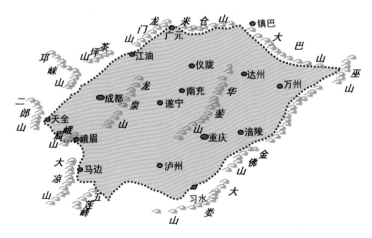

图1-2 四川盆地周边山脉分布图

1.1.1 简单低缓构造

低缓构造为地层受力微弱、形态简单，构造两翼产状倾角较小、构造幅度相对平缓，
断层发育较少，几乎没有岩浆喷发或侵入的地质构造。因地层层序简单、断层少且落差较
小，地质特征明显；地震反射资料信噪比较高，剖面上同相轴波形特征明显、波组关系清
楚，易于追踪对比来自地腹同一地质界面的反射同相轴，构造解释方案确定性较强。例如，
四川盆地川中地区的低缓构造（图1-3）、四川盆地蜀南地区的丘状构造、四川盆地北部
的单斜小型逆冲构造等。

1.1.2 中等复杂构造

介于低缓构造与高陡复杂构造之间的构造，简称为"中等复杂构造"，其地层结构相
对简单，构造应力适中，受力方向较为单一，即使受两组构造应力复合作用，但未带有旋
转性质，断层相对发育，断层落差较小，地震资料信噪比较高，解释方案较为简单，如四
川盆地蜀南地区的中等复杂构造，见图1-4。

1.1.3 高陡复杂构造

受多期构造运动的复合作用，在多组系地质应力的作用下，可形成挤压型、直扭型和
旋扭型三类构造形态，表现出极其复杂的构造形态。从构造地质研究的角度来看，可以通
过地震勘探方法来恢复地腹地质构造的形态及圈闭规模、断层展布情况。山地高陡复杂构
造精细解释的目的在于通过地震反射剖面研究山地高陡复杂构造的形成机制及其演化过
程，见图1-5。

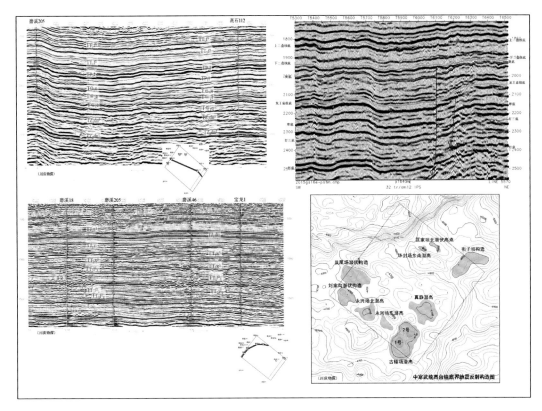

图 1-3 四川盆地川中地区低缓构造特征

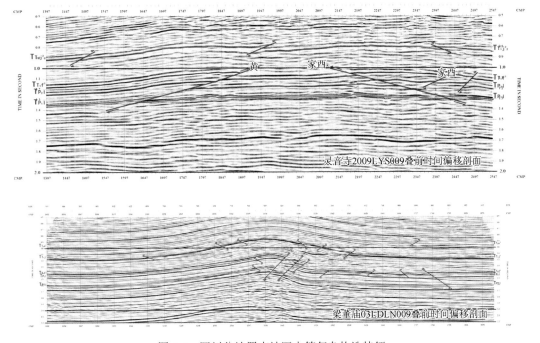

图 1-4 四川盆地蜀南地区中等复杂构造特征

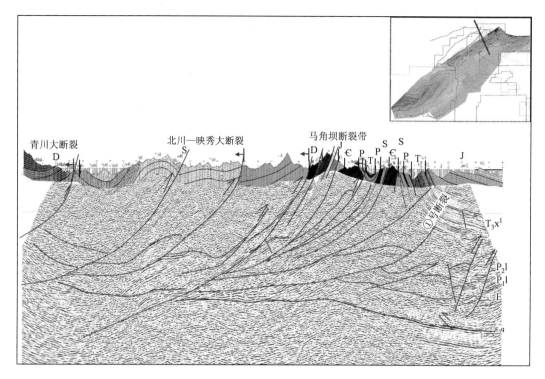

图 1-5　四川盆地川西北地区地震反射剖面特征（2014FSC001 测线）

1.1.4　山地高陡复杂构造

　　山地高陡复杂构造一般指地貌为山地、地形起伏剧烈、相对高差 1500m 以上、地腹构造十分复杂的褶皱及断层组合。山地高陡复杂构造地震地质条件相对较差，地震资料采集、处理及解释难度非常大。特别是前陆盆地的地层层序复杂，反射界面特征不清楚，对于不易识别、追踪、对比地腹同一地质界面的地震反射同相轴较为困难，必须结合各种地质资料通过模型正演分析，分解各种波场，反复修改地质模型，才能更加逼近地腹地质构造形态、断裂的发育程度及地层的厚度变化情况。四川盆地典型的山地高陡复杂构造主要分布在盆地东部和东北部、龙门山逆冲断褶带，峨眉山—瓦山断褶带。

　　高陡复杂的含义为构造圈闭隆起幅度高，构造两翼地层倾角大于 45°以上、地层直立甚至倒转，受力方式以多组挤压为主，伴随断裂、推覆，地腹构造十分复杂的褶皱及断层组合。如四川东部的华蓥山构造带为典型的山地高陡复杂构造，其两翼极不对称，见图 1-6（a）。构造的纵向变异较大，中三叠统侵蚀面（须家河组底界）以上地层构造保存相对完整，隆起幅度较高，与地表构造形态大致相似；下三叠统嘉陵江组—石炭系构造层，受多组地质应力的复合作用，断裂十分发育，断裂复杂带普遍存在地层倒转的现象；奥陶系—震旦系构造，经志留系泥页岩滑脱后，构造变缓，隆起幅度降低，断层减少，控制构造的主控断层消失于寒武系高台组的膏盐层之中，见图 1-6（b）。

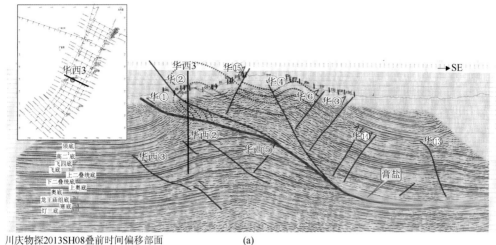

川庆物探2013SH08叠前时间偏移部面　　　　　　　　(a)

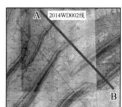

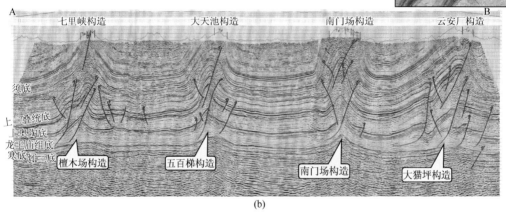

(b)

图 1-6　川东山地高陡复杂构造特征

1.1.5　山地逆掩推覆构造特征

　　如图 1-7 所示。受平落①、三合①、高④号主控断层（大型逆掩推覆断层）的制约，构造形态以逆掩冲断块和断片为主，在不同的滑脱层内部滑脱。不同的构造其构造变形强度及期次均有所差异，不同构造变形层的构造平面图差异较大，构造形态、高点位置等存在不同程度的偏移。

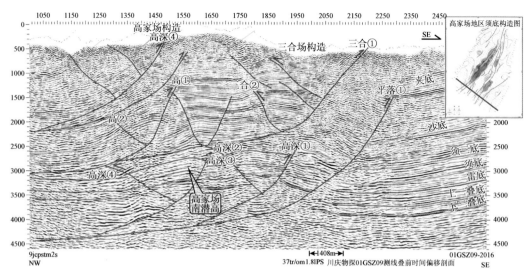

图 1-7　川西山地逆掩推覆构造特征

1.2　山地高陡复杂构造分类

1.2.1　根据构造运动期次分类

在地史发展进程中，多期地质构造运动的复合作用导致沉积盆地的隆升及沉降，使地层的沉积形成平行不整合或角度不整合的接触关系，经过拉张或挤压（推覆）的地质应力作用，形成现今构造的大致轮廓。因此，现今构造的形态为多期构造运动的复合产物。

1. 现今构造格局

四川盆地现今构造为多期构造运动的复合产物，定型于喜马拉雅期构造运动。现今构造虽然经历了多期构造运动，其纵向上的地层组合，浅、中、深层构造形态具有明显的继承性，志留纪末期的加里东运动之后，上奥五峰底—地表构造形态相似性特征十分明显，见图 1-8。

2. 多期构造运动产物

现今构造，卷入褶皱地层，受多期构造运动形成，经历了多期构造运动（上下震荡或挤压、拉张），地层缺失或间断，接触关系多为角度不整合。纵向上，浅、中、深层构造形态变化大，不具有继承性和相似性，见图 1-9。

3. 复合褶皱

早期抬升、挤压—晚期挤压往往形成复合叠加褶皱，先期褶皱变形的地层受后期构造运动的作用再度变形而形成复合褶皱。前陆盆地或造山带，受多期、不同方向构造运动叠加的影响，形成复合叠加褶皱效应。

如图 1-10 所示，该区构造经历了多期构造运动，最后一期构造运动对现今构造定型，从地震反射剖面上可以看出在定型之前，该区已发生四期挤压或隆升构造运动，形成了四期角度不整合。

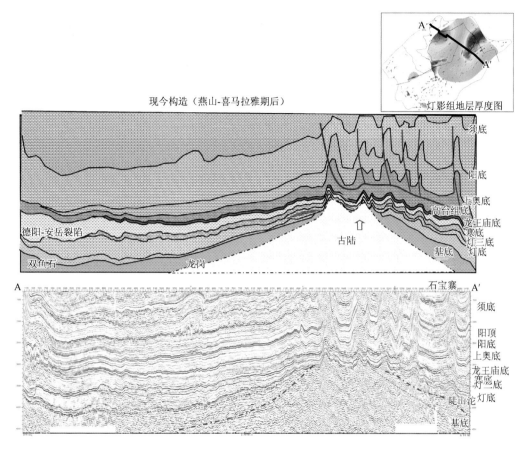

图 1-8　四川盆地现今构造格局剖面形态

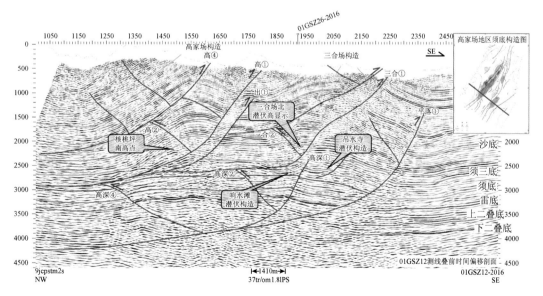

图 1-9　多期构造运动复合作用形成的山地逆掩推覆构造

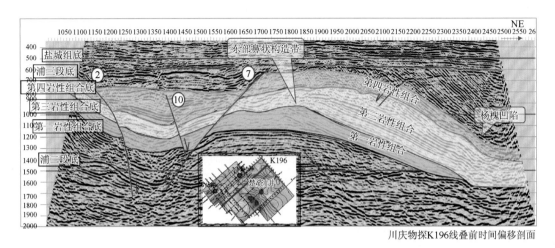

图 1-10　多期次构造运动作用形成的角度不整合剖面特征

4. 早期挤压—中期拉张走滑—晚期挤压构造特征

如图 1-11 所示，该区先后经历了多期构造运动。前震旦纪元古代，地壳拗陷沉降，沉积了巨厚的地槽型海相复理石建造，据地质研究资料可知，⑤号断层在该时期就已经形成；加里东运动期，该区隆起，未发现下古生代地层沉积；海西运动期，受南北向压扭应力的作用，研究区中、南部隆起，北部形成了拗陷带，沉积了石炭系—三叠系下统地层，所以上二叠系底—石炭系底地层中、南部较薄，北部较厚；印支运动期，高部位遭受剥蚀，剥蚀程度差异较大，低部位沉积了上三叠统地层，①号断裂在该时期形成；燕山期的拉张运动形成了一系列的 NEE 向的断裂拗陷，其中②、③号断裂为燕山期形成的，继而沉积了巨厚的白垩系地层；喜马拉雅期：局部区域挤压抬升使白垩系地层遭受风化剥蚀，奠定了现今构造的大致轮廓。

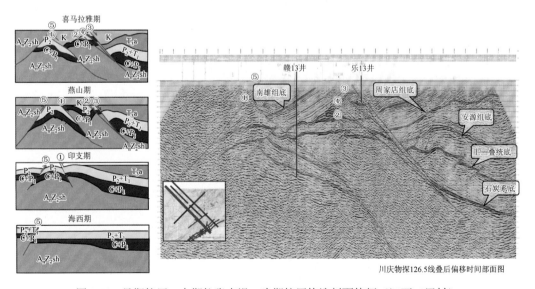

图 1-11　早期挤压—中期拉张走滑—晚期挤压构造剖面特征（江西二甲村）

5. 反转构造

区域构造应力场的改变，使前期挤压—拉张产生的隆起或拗陷构造；后期向相反方向转化，变为拉张—挤压形成的拗陷及隆起称为反转构造。

如图 1-12 所示，东北 DYS 盆地南部拗陷演化过程分为：断陷初期、断陷中期、断陷晚期火山强喷发-整体抬升剥蚀三个阶段。

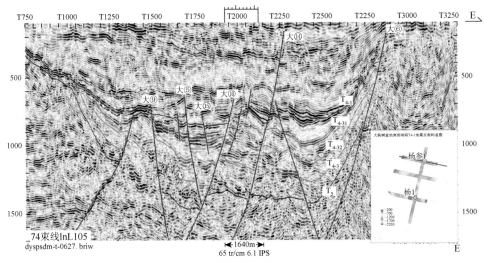

图 1-12 DYS 盆地南部大 14 号断层剖面特征

1）断陷初期

该时期为火山强喷发—粗碎屑快速堆积期，在地震剖面上对应地震 T_5—T_{4-3} 反射层，表现为火山岩和粗碎屑快速堆积。这一时期东北 DYS 盆地南部拗陷的范围较广，在研究区中部偏北形成凹陷沉降中心，沉积了较厚的下白垩统龙江组。在研究区东南部杨 1 井以东形成北北东走向的古凸起，无龙江组地层沉积。

2）断陷中期

该时期为火山弱喷发—较稳定沉积期，在地震剖面上对应地震 T_{4-3}—T_{4-1} 反射层。九峰山组沉积初期，火山活动减弱，研究区西南角及北部形成两个沉积中心，见图 1-13。到九峰山组沉积中期，火山活动重新活跃，火山岩在各洼槽内充填，减小了拗陷内的可容纳空间，尤其是北部凹陷区靠近火山通道附近区域。九峰山组沉积晚期，火山活动再度减弱，研究区东部及中央区成为新的沉积中心。

3）断陷晚期

甘河组沉积时期为火山强喷发阶段，地震剖面上对应于地震 T_{4-1}—T_{4-01} 反射层，区域应力场为近东西向的拉张应力，初期控陷断裂活动变弱，属于断拗转换期，断裂的控制作用明显减弱。研究区北部 DA④和 DA⑪断层具有一定的控制作用，甘河组地层局部缺失。在研究区中部继承性发育太平川次拗和玉林屯次拗两个沉降中心，沉积了较厚的下白垩统甘河组第一旋回和第二旋回地层；后期沉积范围相对变小。

4）后期整体抬升剥蚀阶段

甘河组沉积以后，地震剖面上反映的是地震 T_{4-01} 反射层以上地层。东北 DYS 盆地在这一阶段表现为整体抬升剥蚀，特点是下伏地层形成一东倾的斜坡，上覆地层超覆在这一斜坡之上，其沉积范围向南东方向远远超出研究区。

东北 DYS 盆地整体构造格局为 NNE 向的断陷盆地，表现为"二隆三拗"的构造格局，分别为南部拗陷区、南部隆起区、中部拗陷区、中部隆起区及北部拗陷区。构造轴向呈 NNE 过渡为"S"形展布，东西两侧的控陷断裂不对称，研究区北部表现为东断西超构造形态，而研究区南部展现为西断东超的构造格局。其沉积中心从浅至深逐渐由北部往南部迁移，见图 1-13、图 1-14。

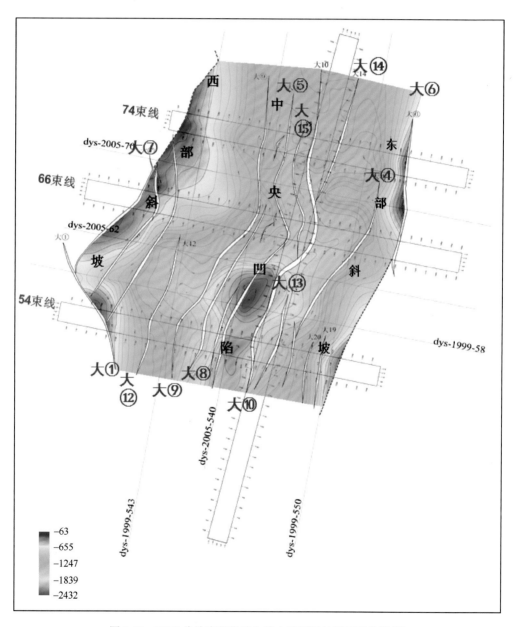

图 1-13 DYS 盆地南部拗陷九峰山组顶界地震反射构造图

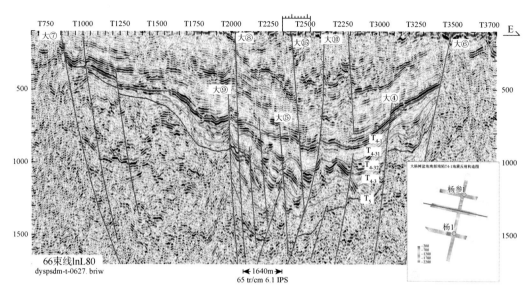

图 1-14 DYS 盆地南部大 4 号断层剖面特征

1.2.2 根据地震反射特征分类

1. 反射特征突出

由于地层横向结构存在连续性、稳定性和等时性的特点，地质界面或薄层界面组合所形成地震反射的能量、波形、频率、层间时间间隔等特征在横向上是相对稳定的。地震反射剖面上良好的波阻抗界面反射，其波形特征明显、波组关系清楚、层间厚度较为稳定、地震反射层位易于对比和追踪。如四川盆地川东南中隆高陡构造区的阳高寺、长垣坝、自流井、天宫堂构造群内的众多局部构造，见图 1-15。

2. 反射特征较为清楚

山地高陡复杂构造灰岩出露区，激发接收条件较差，不易获得有效反射，资料处理成像困难，地震反射剖面的信噪比往往较低。其波形特征不明显、波组关系稳定性差，地震反射剖面的层位标定较为困难，对比追踪难度较大；解释方案难免存在多解性，直接影响构造成果的精度。

四川盆地川东南中隆高陡构造区的双石庙、华蓥山、黄泥堂、梓里场构造群的构造，顶部资料处理特别是盆地周边的大巴山、米仓山、龙门山、峨眉山断褶带，地表大部分出露石灰岩地层，解释难度较大。地震反射特征不稳定，资料品质相对较差。

3. 火山碎屑岩反射特征

受多期构造运动的复合作用，峨眉山玄武岩与下伏茅口组灰岩之间波阻抗较小，"茅顶"界面难以识别追踪，其构造解释难度很大。如图 1-16 所示，图为四川盆地西北部火山岩剖面特征。

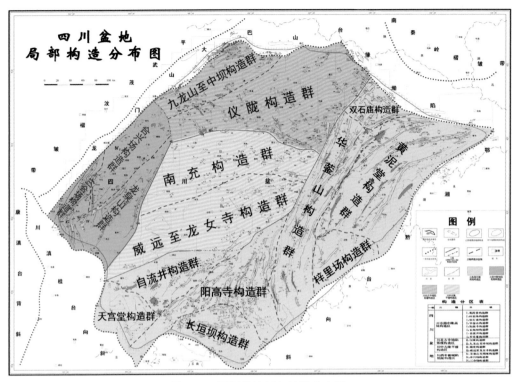

图1-15 四川盆地局部构造分布图

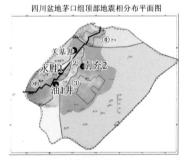

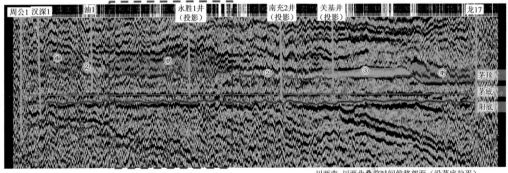

图1-16 四川盆地西北部火山岩地震响应特征

①区为厚层火山岩分布区：茅口组顶界为弱振幅、上覆地层为杂乱反射特征，火山岩储层发育；

②区为凝灰质砂岩分布区：茅口组顶界反射为弱振幅、上覆地层为中强波峰反射特征；

③区为龙潭组相区：茅口组顶界为中强波峰反射特征，局部的弱振幅异常，可能为岩溶储层发育区；

④区为吴家坪组相区：吴家坪组底部灰岩较厚时，茅口组顶界反射出现弱振幅异常。

1.2.3 根据受力方式、方向和组系分类

构造的形成主要分为三种受力方式：挤压、拉张和剪切（走滑、旋转），在其演化发展过程中伴生出多种复杂的地质结构。受地质应力性质、组系及断裂复合作用的影响，地腹构造形态千姿百态。

1. 挤压类

（1）单边挤压：造山带-山前带-前陆盆地挤压型褶皱十分发育，主要来自一个方向挤压，发育推覆断层、逆掩断层、逆断层及断片组合；形成倒转背斜或极不对称背斜，见图 1-17。天井 1 井钻井揭示：①号断裂上盘发育 5 条断层地层倒转，⑩号断裂为早期断层，①号断裂及之上的断层为后期推覆倒转产生的断裂。

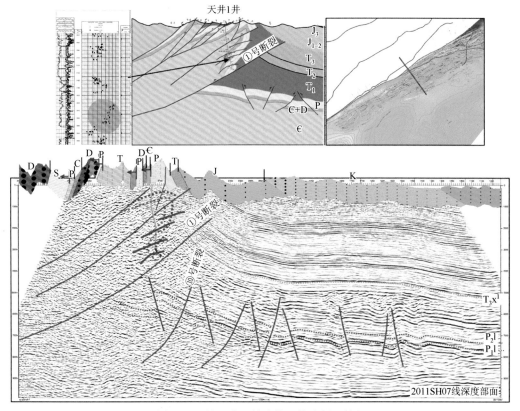

图 1-17 川西地区单边挤压构造剖面特征

（2）对称挤压：两组大小相当的地质应力对称挤压形成的褶皱。盆地内部局部构造受到一组大小相等、对称的水平挤压力，沿着柔性滑脱层形成薄皮构造。其构造样式为隔档

式、隔槽式，如果两组水平挤压应力大小不均匀，容易导致局部构造形成不对称背斜或倒转背斜，见图1-18。

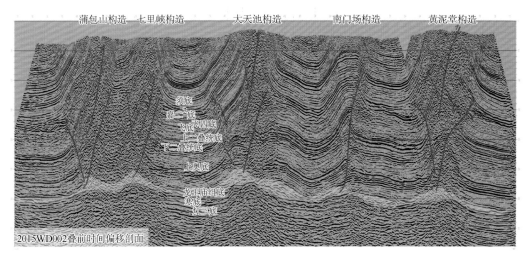

图 1-18　川东地区隔档式不对称、倒转背斜剖面特征

如图1-19所示为湘鄂西保靖区块隔槽式剖面特征，构造定型于印支期—燕山早期。燕山晚期，属于早期挤压后构造弱反转的特征，早期逆冲断裂发生一定程度的反向张扭性回滑，控制了晚白垩世走滑断陷盆地的发育，形成晚期的断垒与早期滑脱褶皱叠加组合的构造样式；晚期伸展断层的活动性明显较弱，现今仍然保留以挤压断裂及其相关褶皱的构造形变样式。

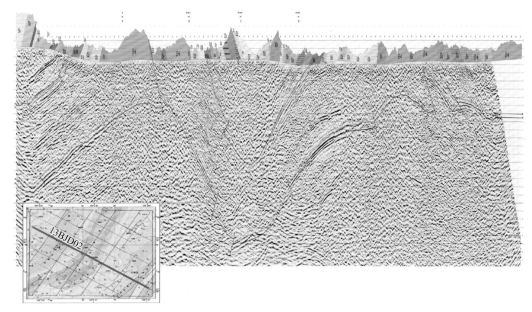

图 1-19　湘鄂西隔槽式构造剖面特征

（3）多组系挤压特征：由两组以上挤压应力同时作用于盆地内的二级构造单元，造山带、山前带及盆地前缘交汇部位，受多组系地质应力的作用，浅、中、深层构造形态及断

裂展布特征存在较大差异，如四川盆地东北部受米仓山、大巴山、七曜山构造体系作用形成的沙罐坪-五宝场构造三角区，见图1-20、图1-21。

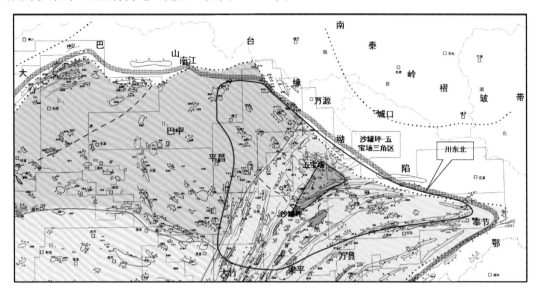

图1-20 川东北地区三组构造体系形成的三角带

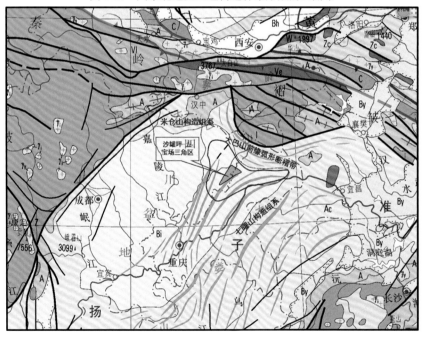

图1-21 四川盆地东北部构造纲要图

2. 拉张型特征

早期断裂发生走滑，断裂附近有岩浆喷发。局部产生逆冲推覆构造，同时造成地层中广泛发育不整合面，见图1-22。宁安盆地白垩纪早期和新近纪发育的断层主要以拉张性质的正断层为主，走向主要为北东向和近东西向，其中东①、东②号为拉张型控盆断层。

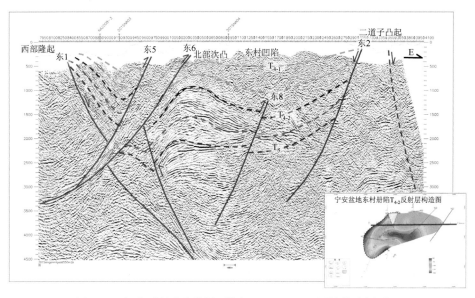

图 1-22　拉张型断陷盆地剖面特征（2015NA01 测线偏移剖面）

3. 复合型特征

构造受力：早期拉张、走滑，中期挤压、反转，晚期为拉张、挤压伴随岩浆喷发，形成复合型断陷盆地，地腹构造特征十分复杂，见图 1-23。

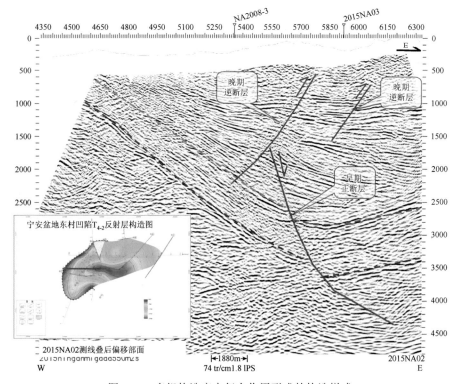

图 1-23　多组构造应力复合作用形成的构造样式

2 山地高陡复杂构造剖面地质评价

2.1 地震反射剖面品质分析

山地物探技术已发展到集地震资料采集、处理、解释一体化的模式，如何确保地质任务圆满完成，这与地质任务的要求、勘探区的钻探开发需求及地震资料品质（图 2-1）密切相关。

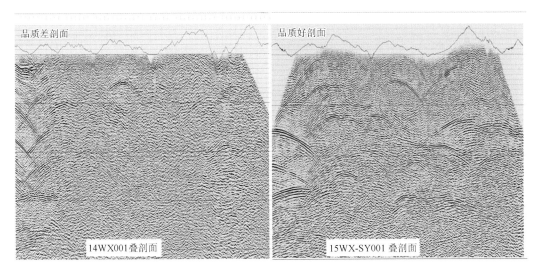

图 2-1 四川盆地 WX 区块地震反射剖面

随着地震勘探技术发展、装备更新及科研人员的技术水平、认识能力的不断提高，综合地质研究更加深入，使地震勘探技术水平有了很大的提高，地震勘探技术标准（国标、行标、企标）随之不断地修改、补充完善和提高。

地震勘探通过不断地技术攻关，研发新的技术方法来解决更多的地质问题，同时地震勘探向非常规油气、页岩气、岩穴储气库、煤、杂卤石等稀有矿产资源的纵深领域拓展。

地震资料采集、处理、解释一体化系统工程，必须紧紧围绕地质任务的完成开展工作，建立完整、严格的质量管理体系。采取针对性措施严格控制采集单炮和处理剖面的品质，对构造成果及储层预测成果精度进行综合分析，从而使地震勘探技术水平不断地向前发展，以提高油气勘探开发的成功率。

山地高陡复杂构造地震反射剖面品质评价及反射特征分析是地震资料构造解释的重要一环。按国家标准、行业标准、企业标准将勘探区域或局部构造的地震资料品质划分为三个等级，即好地震资料质量（Ⅰ级），较好资料（Ⅱ级）和差资料（Ⅲ级）。资料品质评价能够为用户在使用地震勘探成果时，明确地震资料的可靠程度，从而为探井部署提供依据和风险评估。

不同构造区域，其地表地震地质条件（沙漠、戈壁、黄土、洪积扇、灰岩、砂泥岩等），地腹地震地质条件（构造形态、断裂发育程度、地层纵横向展布、沉积相）存在差异；地震反射剖面的信噪比、分辨率、反射（振幅、能量、频率、相位、波形）特征及同相轴的连续性存在不同程度差异。

2.2　地震反射剖面地质评价

同一构造区块相邻地震测线，其地表条件大致相同，地震剖面反射品质基本相同，可用同一级别的评价标准。山地复杂地表（高陡复杂构造、戈壁、黄土砾石区、灰岩出露区等）地震地质条件下，同一研究区的不同区域，同一条测线的不同段，地震反射品质可能存在较大的差异，可以按不同级别的评价标准进行评价。

2.2.1　地震反射剖面地质评价标准

（1）评价目的：通过对地震反射剖面品质进行评价，在应用地震地质成果时了解其可靠程度，为勘探开发部署、申报储量及开发方案制定提供依据。

（2）评价标准和方法：根据项目地质要求，以地震反射剖面的信噪比、分辨率，评判地震反射剖面能完成、基本能完成和不能完成地质任务三个级别。主要根据主要目的层反射特征结合地震属性体提取、地震测线的测网密度进行评价。

（3）评价资料：对叠前时间偏移剖面进行剖面地质评价时必须参考水平叠加剖面。

（4）评价标准：必须根据《陆上石油震勘探资料采集技术规范》（SY/T5314—2011）及《地震勘探资料解释技术规程》（SY/T5481—2003）行业标准，对地震反射剖面进行地质评价。

2.2.2　地震反射剖面品质评价方式

1. 整体评价

剖面上浅、中、深层资料信噪比基本相同，针对主要目的层对地震反射剖面品质进行评价。见图2-2。其中，一级剖面段，信噪比高，地质现象清楚，层次齐全，浅、中、深80%以上主要反射层能够进行可靠对比追踪；二级剖面段，信噪比较高，层次齐全，主要地质现象可识别对比，浅、中、深 50%以上的主要反射层尚能进行对比追踪；三级剖面段，不能参与构造解释及储层预测的低噪比剖面。

2. 针对目的层评价

山地复杂构造地震剖面浅、中、深资料信噪比差异较大，纵向上可以分层进行剖面品质的评价。

如图2-3所示，分别以二叠系［图2-3（a）］和寒武系［图2-3（b）］目的层为主进行剖面品质评价。从地震反射剖面上可以看出，针对不同的目的层分别进行评价更为合理，因为浅层的Ⅱ级剖面率不能代表深层的剖面品质，反之亦然。

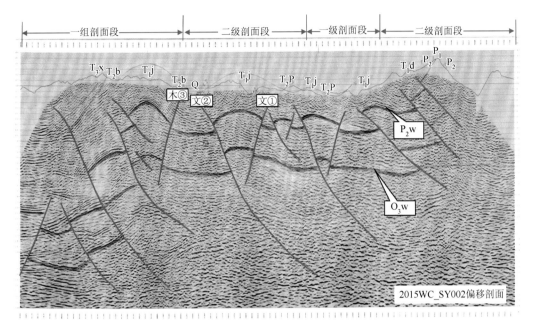

图 2-2　四川盆地 WX 区块地震反射剖面品质评价

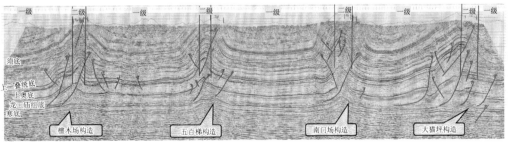

(a) 浅中层资料（二叠系为主）

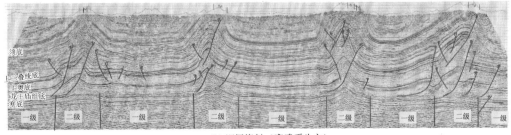

(b) 深层资料（寒武系为主）

图 2-3　针对不同目的层进行剖面地质评价（2014WD002 测线）

3. 分区块评价

高陡复杂构造地震反射剖面品质纵向上具有分层性，横向上具有分段性。山地复杂构造地震反射品质低，受地表地震地质条件影响不同。浅、中、深层资料信噪比存在一定差异，纵向上不能按一个级别的品质评价标准。针对山地高陡复杂构造，可以进行分块评价，见图 2-4。

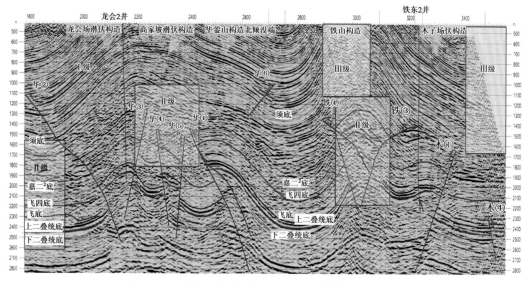

图 2-4 地震剖面按区块评价（02ST02 测线偏移剖面）

4. 对重点层系评价

对于重点勘探层系或主要目的层储层预测来说，必须根据地质任务要求，针对重点勘探层系及储层预测要求进行评价。例如，重庆荣昌北页岩气区块地震反射品质评价，主要针对"上奥五峰组页岩底界"反射进行评价，见图 2-5。

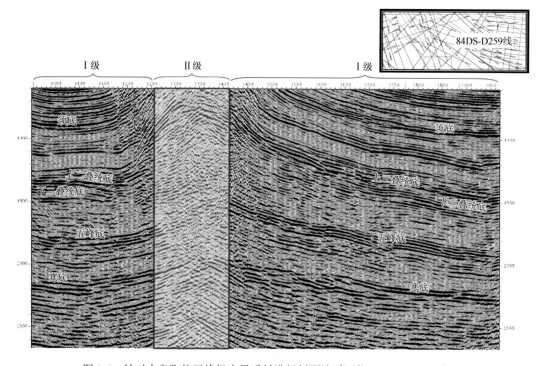

图 2-5 针对上奥陶统五峰组底界反射进行剖面地质评价（84DS-D259 线）

5. 典型区块评价

对于大型障碍物区，如穿越城镇、厂矿及江、河、湖泊、灰岩出露区，采用变观和特殊观测系统采集的地震资料，其剖面的反射品质有不同程度的降低，根据行业标准这些低品质的资料可以不参与品质评价。

2.2.3 碳酸盐岩出露区资料评价

1. 四川东部隔档式构造区

高陡复杂构造顶部（轴部）范围狭窄，一般小于 1/2 菲涅耳带，有效反射面积小，其反射能量弱，见图 2-6。出露中下三叠统—上二叠统灰岩，地表灰岩裂缝、溶洞发育，不利于地震波的激发和接收，地震资料信噪比低，经过多年的采集、处理攻关，效果有所改善（图 2-7）。按照物探行业标准规定，碳酸盐岩出露区可以不参与剖面地质评价。

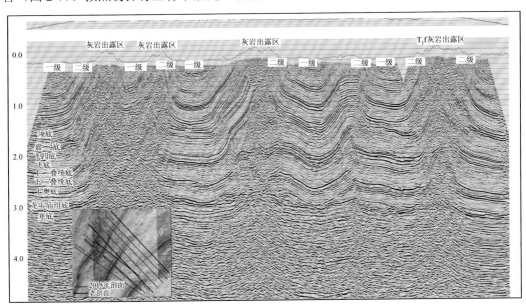

图 2-6 四川盆地川东高陡构造灰岩出露区地质评价（2015WD002）

2. 隔槽式构造区

湘鄂西区域属于隔槽式构造带，箱状背斜顶部较为宽缓其范围大于 1/2 菲涅耳带，有效反射面积大，反射能量强。地表出露三叠系、二叠系、奥陶系灰岩，采用宽线采集仍可获得信噪比较高的资料，能够满足构造解释的要求，见图 2-8。

2.2.4 火山岩出露区资料评价

由于火山岩的非均质性较强，其裂缝及气孔相对发育，不利于地震波激发和接收，获得的地震剖面反射杂乱，见图 2-9。东北 DYS 盆地山前火成岩出露区，见剖面两端，地表分布火成岩，地震资料信噪比低。剖面地质评价时可评为二级剖面。

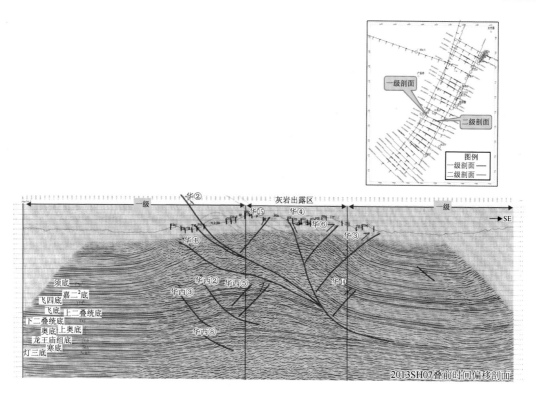

图 2-7　灰岩出露区剖面地质评价（2013SH07）

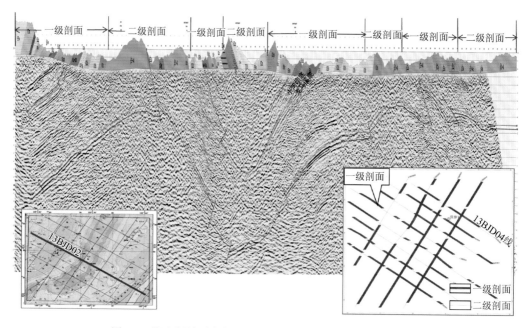

图 2-8　湖南保靖页岩气区块剖面地质评价（13BJ002 测线）

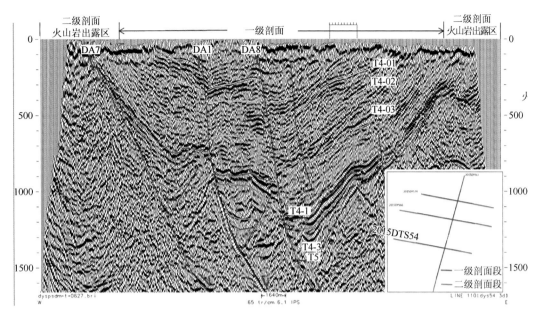

图 2-9 东北 DYS 盆地火成岩出露区剖面地质评价（D201302K）

2.3 山地复杂构造剖面品质分析

2.3.1 客观地评价山地高陡复杂构造剖面品质

山地高陡复杂构造剖面品质评价，主要依据信噪比、分辨率、反射层次、反映的地腹地质现象是否清楚、地震反射同相轴动力学特征和易于连续追踪对比的程度等进行地震反射剖面品质评价。同时，应当从复杂构造的地表、地腹地震地质条件出发，认真分析地腹地质体的地震响应特征，对山地高陡复杂构造的地震反射剖面品质进行客观评价。

2.3.2 影响地震反射品质因素

进行山地高陡复杂构造地震反射剖面品质评价时，必须详细地分析影响地震反射剖面品质的主要原因，厘清采集、处理及地质原因与资料品质的关系，有针对性地进行采集、处理、解释技术攻关，对资料采集、处理过程质量进行严格地控制。

2.3.3 反射特征与相变的关系

地腹波阻抗差异较大的地质界面，其反射系数与岩性结构、地层厚度或地层尖灭等地质现象关系密切，地质界面对应的地震反射同相轴的动力学特征（振幅、能量、频率、相位、波形）随之发生改变。地震测线穿越多个构造时，同一地腹地质界面的反射特征不同：在剖面小号段反射特征可能为强反射同相轴、波组关系清楚；剖面的大号段可能表现为弱反射同相轴、相位特征存在一定的差异。

2.3.4　特殊岩性反射特征

如图 2-10 所示,川东地区石炭系黄龙组厚度从 0m 增加到 100m 时,下二叠统底界(P_1l)表现为无反射—弱反射—强反射特征。通过下二叠统底界(P_1l)地震反射同相轴振幅的强弱判断是否存在石炭系黄龙组地层。如果根据地震反射振幅强弱以及同相轴的连续性对下二叠统底界(P_1l)反射进行评价,必然会对石炭系黄龙组产层段造成错误的结果。针对川东石炭系黄龙组地层是否存在的问题主要采用相面法进行分析地震反射剖面上的下二叠统底界反射能量强,同相轴光滑连续,表明石炭系地层较厚;由中强变为断断续续的弱反射,说明石炭系地层逐渐减薄;反射由弱逐渐消失,说明石炭系地层逐渐缺失。见图 2-11。

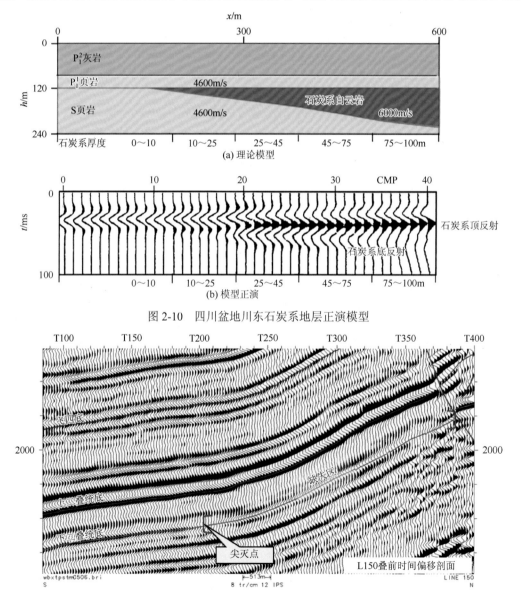

图 2-10　四川盆地川东石炭系地层正演模型

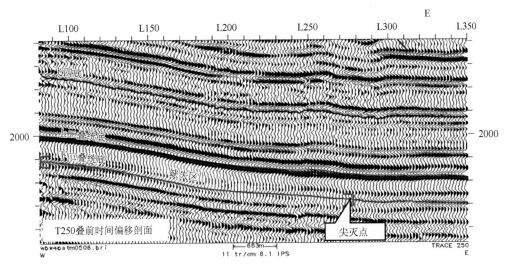

图 2-11　四川盆地 WBT 构造石炭系反射特征

2.4　地腹构造形态与剖面品质的关系

山地高陡复杂构造的地表、地腹构造较为复杂，断裂十分发育，而地震勘探多次覆盖的前提条件为水平层状、恒速介质，所以山地高陡复杂构造先天的地震地质条件决定了地震反射资料的品质，特别是在高陡复杂构造核部出露灰岩地层、断裂发育、地层倒转的复杂带，其地震反射剖面上出现反射品质变差或空白反射区。

2.4.1　山地陡倾界面的反射特征

山地高陡复杂构造的高陡—陡倾界面或断裂带，通常在地震反射剖面上表现为杂乱的反射特征或无反射的空白区，较为客观真实地反映了地腹构造的地质特征。

四川盆地东部不对称构造叠加剖面如图 2-12 所示。该区域属川东地区典型隔档式褶皱，构造均为北西翼缓、南东翼陡，陡翼下盘发育潜伏构造。构造主体在下三叠统至上寒武统地层断裂发育，褶皱强烈，断层向上大多消失在嘉陵江组膏盐之中，向下消失于志留系柔性地层或寒武系塑性地层内。下寒武统及其以下地层褶皱强度减弱，构造隆起幅度较缓，高点位置与二叠、三叠系高点位置相当，基本上不发育断层。蒲包山、七里峡、大天池、南门场、黄泥堂构造的顶部地震反射剖面上几乎全部为无反射的空白区，经偏移归位后，构造顶部复杂带在叠前时间偏移剖面上仍然为空白带，见图 2-13。

2.4.2　构造的纵向变异

山地高陡复杂构造在纵向上变异特征明显，地腹各构造层的形态存在一定的差异，见图 2-14。根据地腹构造的形态及两翼的厚度变化特征，分为穹窿状、长轴状、似箱状、裙边状、扫帚状等褶皱形态。对于同一构造区块，不同地震队不同年度在相同位置采集的同一条测线，获得的地震反射剖面特征及反射品质也有可能存在一定差异。

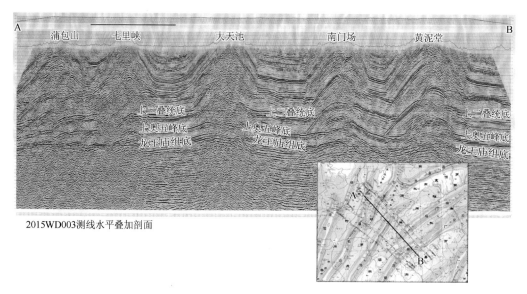

图 2-12　四川盆地 PBS—HNT 构造地震反射剖面特征

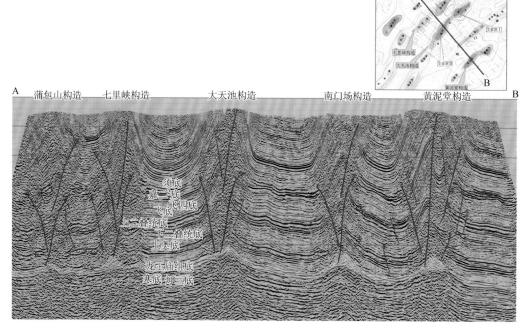

图 2-13　四川盆地 PBS—HNT 构造剖面特征（2015WD003 偏移剖面）

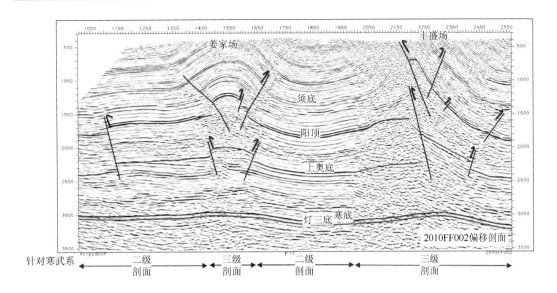

图 2-14 四川盆地川东姜家场丰盛场构造的纵向变异特征（2010FF002 测线）

浅层及深层断裂不发育，构造相对简单，见图 2-15。中层构造受力复杂，断裂十分发育，寒武系龙王庙组反射受高台组膏盐岩的屏蔽作用，反射变弱，成像效果较差，寒底反射特征较为清楚。

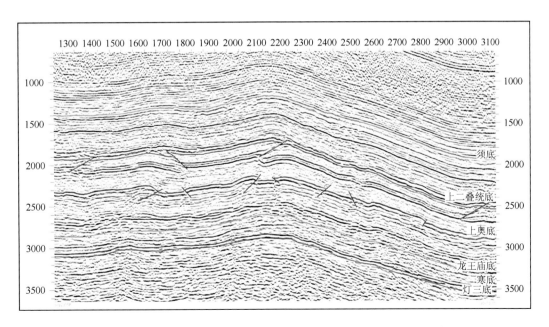

图 2-15 四川盆地川南地区 KDQ 区块地震反射剖面（90KDQ05 测线）

2.4.3 近地表结构对资料品质的影响

山地高陡复杂构造带、推覆断裂山前带、石灰岩出露区、黄土塬、沙漠、沼泽、推覆体、高陡倒转背斜、盆周断裂复杂带、地层近于直立区，这些地区近地表结构十分复杂（图 2-16），经过多年的采集技术攻关，地震勘探对表层结构调查已经取得了长足的进步。利用微测井技术（图 2-17、图 2-18），通过精心设计野外采集参数，对近地表结构进行全面调查，消除由于近地表结构因素对地震反射剖面品质的影响，见图 2-19。

图 2-16   重庆城口下寒武统水井沱组地表高角度背斜

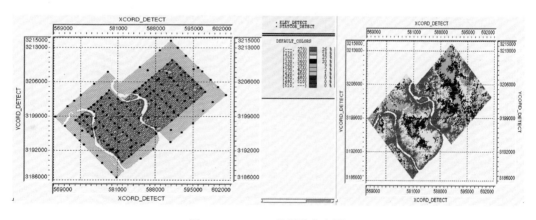

图 2-17   LZB3D 微测井分布图

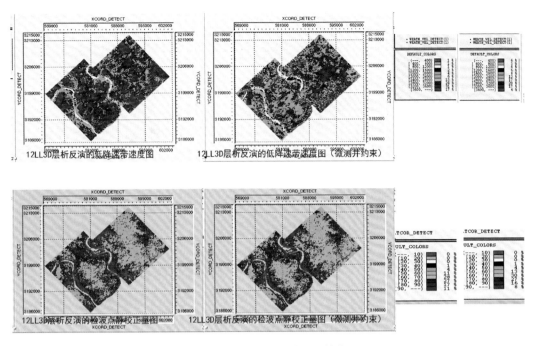

图 2-18 LZB3D 微测井约束层析静校正处理

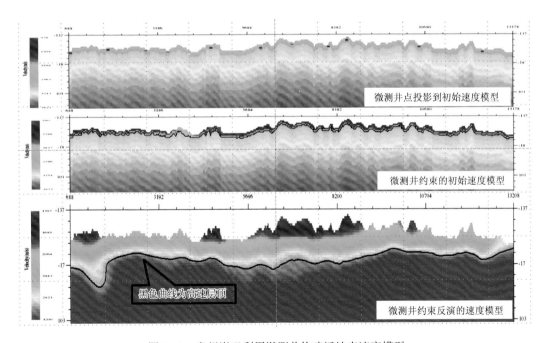

图 2-19 贵州岑巩利用微测井构建近地表速度模型

地震波激发、接收地形的差异给静校正增加了难度，应结合不同地区的实际情况，通过反复试验不同静校正方法及参数，优选出适合研究区特点的静校正流程、模块及参数，解决好区内的静校正问题。

采集因素及采集人员技术水平、认识的差异对资料品质是有影响的，特别是采集"脚印"对后期储层预测及地震属性提取存在严重的影响，见图 2-20。

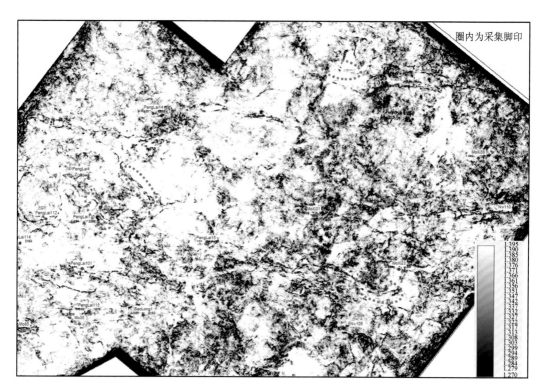

图 2-20　LZB3D 相似性属性切片上反映的采集脚印

3　山地高陡复杂构造剖面分辨率讨论

3.1　地震反射剖面分辨率

3.1.1　地震分辨率的基本概念

地震分辨率是指地震反射波对地腹地质构造特征的分辨能力。

纵向分辨率是指地震波能分辨地层厚薄的能力，其分辨能力的高低主要取决于地震资料采集设备、地震子波和纵向采样密度。

横向分辨率是指地震反射波分辨地质体平面展布特征的能力。

室内高分辨率处理主要通过拓宽低频端及高频端的频率来实现提高剖面的纵向分辨率，分辨率与信噪比为一对双刃剑，提高分辨率必然使更多的干扰噪声滞留在频带中，导致信噪比降低；如果把频带压窄，使干扰噪声得到较好分离，信噪比得到提高，但这将损失部分有效信息而降低分辨率。

由此可见，从室内资料处理方面来说，要提高资料信噪比就会影响到地震分辨率，要提高地震分辨率就会影响到资料信噪比，两者始终是互相矛盾的。室内高分辨率处理要把握适度，提高分辨率和提高信噪比两方面都要兼顾，达到互相平衡的效果。

1. 纵向分辨率的极限

在研究地震纵向分辨率时，常用楔形模型来分析地震波的振幅变化和波形特征，当均匀介质夹有楔形地层时，楔形体顶界和底界的反射系数大小相等，符号相反，当顶界与底界之间的反射时间为半个周期（$T/2$）时，表现为同相叠加的现象。

设顶界与底界之间的距离为 Δh，地震波在地层中的传播速度为 v，波长为 λ，若地震波在地层中的传播时间 $\Delta \tau = T/2$，即 $2\Delta h/v = \lambda/2v$ 时，$\Delta h = \lambda/4$，此时，振幅同相叠加，表示出极大值。

当地腹地质体的厚度小于 $\lambda/4$ 时，顶界与底界反射波叠加在一起，其波形与单一界面波形相似；地层厚度大于 $\lambda/4$ 时，根据反射波的振幅、频率、相位及波形特征，能够分辨出地层的顶、底界面。因此，一般以 $\lambda/4$ 作为纵向分辨率的限度，见图 3-1。

2. 影响纵向分辨率的主要因素

影响地震分辨率的因素较多，如震源特性、大地滤波作用、记录仪器特性、采集参数等。针对这些因素，可以选择合适的激发条件和采集参数，使地震波具有较高频率。对地震资料进行精细处理时，采用多种反褶积模块对地震子波延续时间进行压缩。地震资料频率和信噪比一定的条件下，影响 $\Delta \tau$ 的主要因素为地层的速度（v）及地层厚度 Δh。

地震反射剖面的纵向分辨率：

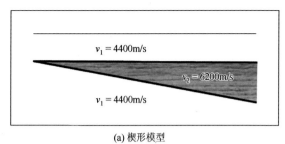

(a) 楔形模型

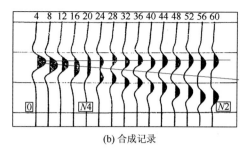

(b) 合成记录

图 3-1　楔形地层正演模型

（1）地震子波延续时间（Δt）越小、频率（f）越高，其相应的频带宽度（Δf）越宽，表明地震反射记录的纵向分辨率相对较高；反之，则纵向分辨率相对较低。

（2）同一地层中横波速度 v_s 明显小于纵波速度 v_p，所以纵波的纵向分辨率比横波的纵向分辨率低。

（3）一般将 $\Delta h = \lambda/4$ 称为调谐厚度，用它来表示地震波形分辨地层厚度的极限值。

（4）由于大地滤波作用，由浅至深，地震资料频率逐渐降低。因此，浅层分辨率大于深层分辨率。

四川盆地川中地区，在信噪比较高的叠前时间偏移剖面上，侏罗系自流井组碎屑岩地层的最高频率为 50～80Hz，以地震波速度 4000m/s 计算，能分辨薄层（或储层）顶、底界厚度为 20～12.5m。深层寒武系龙王庙组和震旦系灯影组海相地层最高频率为 40～50Hz，以地震波速度 5600m/s 计算，可以分辨地层（或储层）顶、底界厚度 28～35m。

油气田地球物理测井分辨率较高，可达到厘米级，通过对常规地震剖面有井约束反演，在地震属性剖面和反演剖面上，薄层分辨率可达 $\Delta h = \lambda/8$。

3. 根据测井资料建立地质模型

根据测井资料，结合地震反射剖面建立地质模型，进行正演分析，研究储层在各种地质条件下的地震响应特征。如对四川盆地川中 MOXI 地区栖霞组储层研究时，通过设计各种不同的地质模型，进行正演分析薄储层所对应的地震响应特征。

如图 3-2 为 MOXI31X1 井的地质模型，该井在栖霞组上段高速灰岩层厚 95m、速度为 6250m/s、密度为 2.72g/cm^3、纵波阻抗为 17000g/cm^3·m/s；下部泥灰岩厚 28m、速度为 5700m/s、密度为 2.669g/cm^3、纵波阻抗为 15213g/cm^3·m/s；栖霞组中上部发育两套储层，地质模型设计为透镜状，往两侧逐渐尖灭。栖霞组之下沉积有 4m 的梁山组低速、低密度泥岩，梁山组之下为高速、高密度的高速层（54m）以及速度更高、密度更高的寒武系洗象池组白云岩地层。

栖霞组第一套储层厚 5m，发育在顶部（"茅底"之下 15m）；第二套白云岩储层厚 2.5m，发育在中部（"茅底"之下 65m）。两套储层密度均为 2.75g/cm^3，高于围岩。第一套储层速度为 6100m/s，第二套储层速度为 6000m/s，均低于围岩速度，对应的波阻抗分别为 16775g/cm^3·m/s 和 16500g/cm^3·m/s，略低于围岩的波阻抗。

图 3-2 为 MOXI31X1 井地质模型分别用 35Hz（a）和 40Hz（b）的子波进行正演模拟的响应特征，从图中可以看出两个模型差异较小，栖霞组顶界为强峰反射，底界为零值反

射，在栖霞组内部均出现一弱反射，距栖霞组顶界 19ms 左右。通过模型正演分析不难看出，不管储层是否发育，内部的弱反射均存在，说明弱反射为子波旁瓣形成。通过对比发现，栖霞组内部弱反射层在 40Hz 子波正演响应特征中能量更强，而且能量变化较为明显。在两套储层最厚的地方，即上储层 4～5m、下储层 1～2.5m 位置，反射能量表现略有减弱，而图 3-2（a）中 35Hz 子波的弱反射基本没有变化，因此，为了更清楚地反映弱反射变化特征，地质模型选取 40Hz 子波作正演分析。

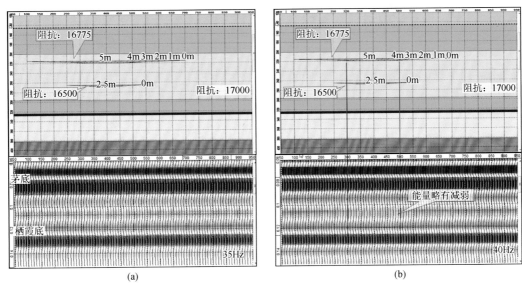

图 3-2　MOXI31X1 井的地质模型正演响应特征

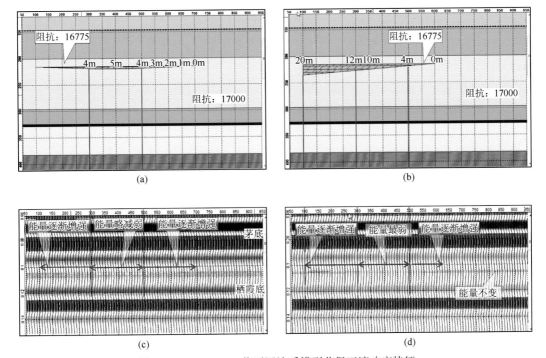

图 3-3　MOXI31X1 井不同地质模型获得正演响应特征

图 3-3 为 MOXI31X1 井不同地质模型获得的正演响应特征，其中图 3-3（a）图为
MOXI31X1 井单套储层的地质模型，图 3-3（b）图为由 20m 减薄到 0m 的楔状储层模型。
在单储层模型情况下，储层厚度在 4m 以下时，栖霞组内部波峰能量逐渐增强，储层最厚（4～
5m）的位置能量最弱，但反射振幅变化太弱，可以认为无变化［图 3-3（c）］。楔状储层模型
情况下，当储层厚度在 4～12m 变化时，无论是栖霞组内部波峰还是其上的波谷，反射能量
明显减弱。图 3-3（d）为储层厚度由 12m 增大到 20m 时，能量逐渐增强，当储层厚度小于
4m 时，内部波峰能量逐渐增强直到稳定，但强度略低于 14m 以上厚储层位置的能量。

下面对 MOXI42 井地质模型进行正演模型分析。

MOXI42 井位于 MOXI31X1 井西北方向，靠近古隆起轴部，地层遭受严重剥蚀，缺
失奥陶系及部分洗象池组地层，梁山组直接覆盖在残存的洗象池组地层（厚 38m）之上，
洗象池组下伏地层为相对低速、低密度的高台组地层。

MOXI42 井栖霞组上段为 90m 厚的灰岩，其速度为 6350m/s、密度为 2.661g/cm^3、波
阻抗为 16631g/cm^3·m/s；下部为厚 29m 的泥灰岩，其速度为 5900m/s、密度为 2.684g/cm^3、
波阻抗为 15835g/cm^3·m/s。栖霞组发育的储层与 MOXI31X1 井存在较大差异，共发育有
三套储层：第一套厚 5.5m，位于"茅底"之下 13m，速度为 6250m/s，密度为 2.691g/cm^3，
纵波阻抗为 16818g/cm^3·m/s；第二套厚 6.5m，距"茅底"44m，其速度为 6350m/s，密
度为 2.719g/cm^3，阻抗为 17265g/cm^3·m/s；第三套储层厚 2.5m，距"茅底"60m 与第二
套储层相距 16m，其速度为 6550m/s，密度为 2.746g/cm^3，波阻抗为 17986g/cm^3·m/s。
三套储层的波阻抗均高于围岩，尤其是第三套储层，其波阻抗远远高于围岩。该井其余各
层厚度、速度及密度值见图 3-4。

图 3-5（a）为根据钻井资料建立的模型及正演剖面，在三套储层最厚的位置，无论是栖
霞组内部波峰还是其上、下波谷，能量均是最强，且有波形变窄、频率增高的现象，随储层
减薄，能量逐渐减弱，在第 1 套储层 1.5m、第二套储层 2.5m 位置能量最弱。图 3-5（b）为
去掉第三套储层的模型及正演剖面，相比之下，在第一、二套储层最厚的位置，栖霞组内
部波峰能量最弱，向两侧逐渐增强并趋于稳定，但其能量变化太弱不易分辨。

为了分析单储层的地震响应特点，制作了相应的地质模型，见图 3-6。图 3-6（a）
为仅发育第一套储层的模型及正演剖面，随储层厚度变化，栖霞组地震反射特征基本
上没有变化，出现这种现象的原因在于储层与围岩的阻抗差异太小。图 3-6（b）为仅
发育第二套储层的模型及正演剖面，储层最厚（4.5～6.5m）的位置，栖霞组内部弱峰
反射能量略有减弱。

如图 3-7 所示，最厚的一套储层波阻抗远高于围岩，图 3-7（a）图为第三套储层发育
在真实位置下的模型及正演剖面，图 3-7（b）图为将第三套储层移到栖霞组顶部（原第
一套储层发育的位置）的模型及正演剖面。在两种情况下栖霞组内部波峰和其上、下波谷
均出现反射能量增强的现象，相比之下，储层发育在中部的反射能量更强。

从上述正演结果来看，受子波旁瓣影响，栖霞组内部表现为宽波谷夹一弱峰反射或扰
动的响应特征，储层的发育位置、波阻抗与围岩之间的差异以及储层厚度均会对地震反射
特征产生影响。其中，储层发育位置与储层阻抗差影响程度相对更为明显，主要表现在内
部反射能量增强和减弱的现象。

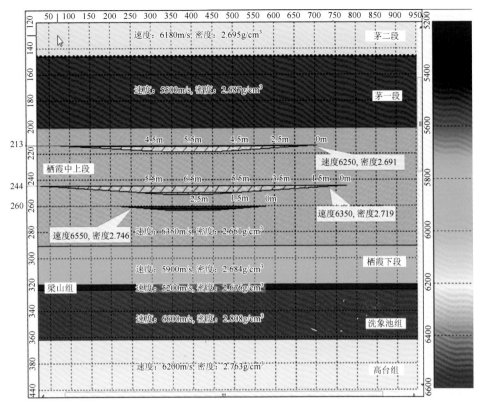

图 3-4 MOXI42 井地质模型

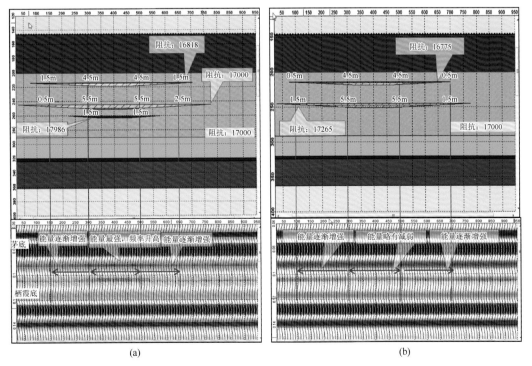

(a)   (b)

图 3-5 MOXI42 井上部发育两套储层模型正演剖面

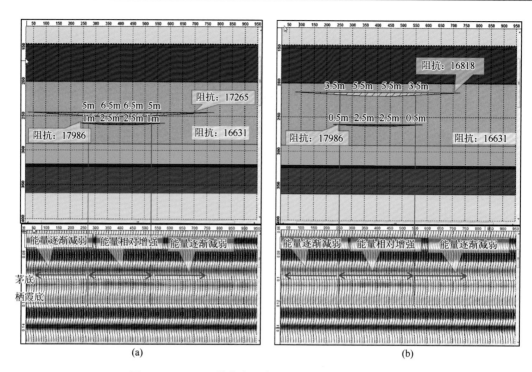

图 3-6　MOXI42 井发育两套储层的地质模型正演剖面

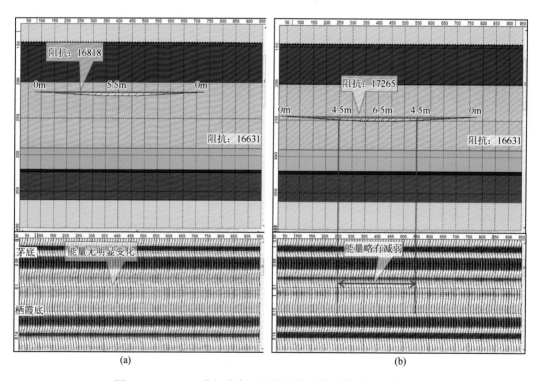

图 3-7　MOXI42 井仅发育一套单层储层地质模型及正演剖面

能量减弱特征：对于薄互层来说，高阻抗薄储层位于栖霞组上部将导致栖霞组内部反射减弱，并略有上隆的现象；低阻抗薄储层互层发育位置距离栖霞组下部低速层越近，其内部弱峰反射相对越弱。对于单层的低阻抗厚储层，若发育在栖霞中部，当厚度大于 10m且靠近栖霞组下部低速层时，将会导致栖霞组内部弱峰反射减弱；储层发育在栖霞组顶部时，其阻抗与围岩差异很小，当储层厚度小于 12m 时，同样会引起栖霞组内部弱峰反射减弱。高阻抗储层发育在栖霞组中部，厚度大于 10m 时，将会导致内部弱峰同相轴上隆，频率明显升高；当储层厚度为 5～10m 时，栖霞组内部反射振幅有所减弱。

能量增强特征：发育在顶部和中上部的超高阻抗薄储层，将会引起栖霞组内部弱峰和其上部波谷反射增强，频率相对升高，内部波峰同相轴上隆现象；发育在栖霞组上部的隔层较薄的低阻抗薄互层，同样会引起栖霞组内部弱峰和其上部波谷反射增强。对于单一的低阻抗厚储层，发育在栖霞组顶部或上部时，也会导致栖霞组内部弱峰及其上、下反射增强，当储层厚度大于 5m 时，反射随储层厚度增大而增强；高阻抗储层发育在栖霞中部且十分靠近栖霞下部的低速层时，引起栖霞组内部弱峰及上、下反射增强，反射振幅随储层厚度增大而增强，且当储层阻抗远高于围岩阻抗时，反射振幅明显增强。

通过以上的分析可知，由于研究区栖霞组的储层太薄（10m 以下薄互储层居多），纵、横向的非均质性较强，岩石物理参数存在差异，受地层厚度变化的影响较大。由于目的层段地震资料的主频仅为 35Hz 左右，分辨薄储层的能力较差，储层地震响应的综合效应更为突出。

3.1.2　地震横向分辨率（空间分辨率）

地面观测点与地腹地质界面反射点为一一对应关系，似乎分辨率是很高的。从地震波的运动学特点来看，地面观测点上获得的反射，涉及界面上的一个面元，所以横向分辨率应该以这个最小界面元的范围为界限。地震勘探中，借用光学原理中的菲涅尔带来定义水平叠加时间剖面上的横向分辨率的界限，见图 3-8。

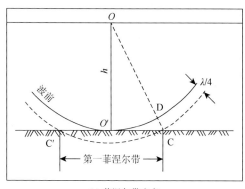

(a) 菲涅尔带定义

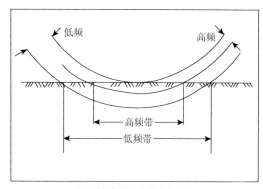

(b) 频率高低影响横向分辨率

图 3-8　频率高低对横向分辨率的影响

菲涅尔带（半径）范围表述了横向分辨率，随着深度增加和频率降低而增大（图3-8（b））。在地震资料精细处理中，通过水平叠加、偏移归位后，在一定程度上提高了横向分辨率。但横向分辨率提高到何种程度取决于观测系统方式、空间采样率、偏移孔径大小、偏移速度及偏移方法等。地震勘探中分辨率一般指垂向分辨率。

3.1.3 通过提高分辨率来解决地质问题

地震反射剖面信噪比的高低对提高地震资料分辨率至关重要，在山地高陡复杂构造资料处理和解释中，针对各种复杂的地质体利用各种不同的反演手段来提高地震资料的薄层分辨能力，有利于识别出砂体、介壳灰岩、鲕滩、生物礁、煤层、富钾卤水、杂卤石、优质页岩等薄储层，从图3-9中可以看出，地震反射剖面上"过渡层底—大安寨底"有三个同相轴，通过反射系数反演后变为七个同相轴，可以对内部的小油层亚段（大一、大一^2、大一^3）进行对比解释。

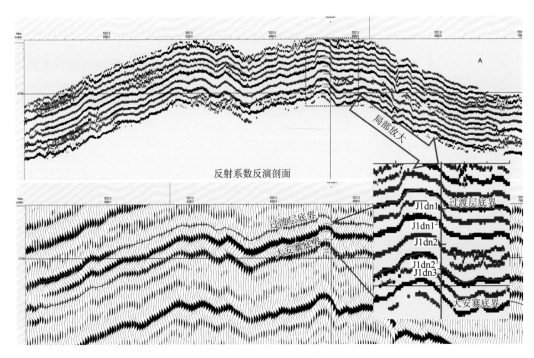

图 3-9 反射系数反演分辨薄层进行小层对比图

3.1.4 剖面提高分辨率处理的目的

（1）通过提频处理识别出小断层和薄储层。
（2）提取反射振幅属性识别出小断层和薄储层。
（3）根据地震反演提高分辨率，识别出小断层和薄储层。

3.2 高分辨处理资料的应用

地震资料高分辨率处理主要通过压缩子波、拓宽信号的有效频宽，达到提高分辨率的目的。在不降低信噪比的前提下提高分辨率，通过地表一致性、井控、子波、预测、稳健反褶积来实现"三高"（高分辨率、高信噪比、高保真）的目标，获得高品质地震反射剖面。为精细构造解释、薄储层和小断层的识别以及储层精细雕刻奠定坚实的基础，见图 3-10。

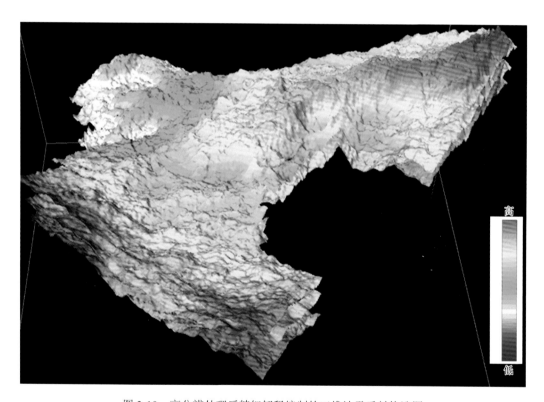

图 3-10　高分辨处理后精细解释编制的三维地震反射构造图

三维地震反射资料品质较高，对构造精细解释及储层描述手段更多，更接近地腹地质情况，对于地质综合研究更为直观。

（1）经过精细处理的三维数据体，其振幅特征较为接近地腹地质结构情况。

（2）构建时-深转换速度场更加容易。

（3）三维数据体包含的各种信息更为丰富，便于开展空间展布特征分析研究。

（4）交互显示方式，便于进行精细构造解释，通过提取各种属性切片，指导断层解释、空间闭合及平面组合，通过地震相解释，利用钻井标定后转换为相应的沉积相，划分出沉积微相，见图 3-11。

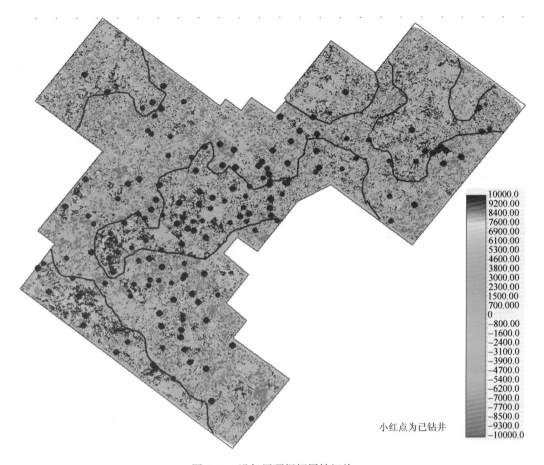

小红点为已钻井

图 3-11　沿气层顶振幅属性切片

3.2.1　振幅属性预测储层

在油气田勘探开发区，提取振幅属性研究油气层的反射特征，地震振幅异常包含了各种复杂的地质信息，利用油气层顶、底之间的振幅异常，通过钻井、测井、试油地质资料标定后可以直接识别油气层。图 3-12 为利用振幅属性和地震反演编制的介壳灰岩厚度分布图，可分辨 2～30m 的油层。

3.2.2　改变剖面显示方式突出储层

通常地震反射剖面采用波形+变面积的显示方法，如果要表现地震反射剖面上的相位振幅变化情况，可采用变密度的显示方式。可以调整显示比例对地震反射剖面上的特征进行分析归类，利用波形分类结合钻井标定出有利的地震相，并转换为沉积相，见图 3-13。

对于小断层、裂缝、薄储层及小层对比，必须通过井（成像测井）、震标定后进行精细解释。然后进行断层及裂缝解释，可以结合相干数据体切片、蚂蚁体追踪、瞬时相位属性对小断层及裂缝进行精细解释，见图 3-14。

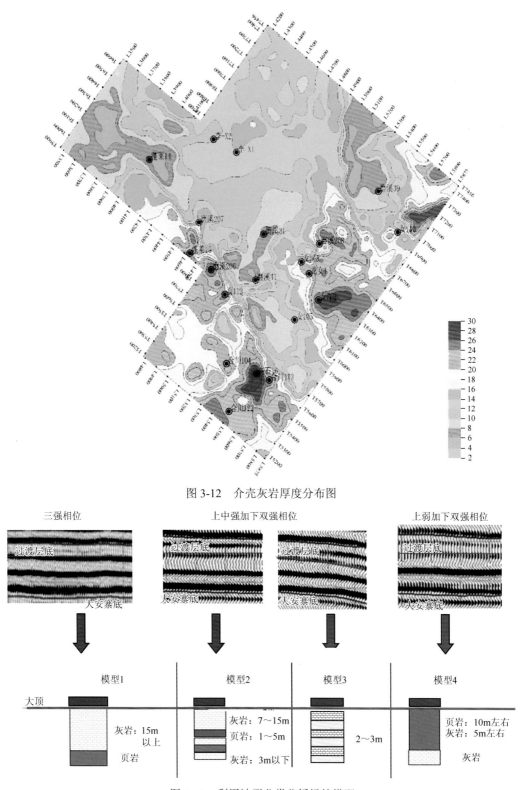

图 3-12 介壳灰岩厚度分布图

图 3-13 利用波形分类分析烃储搭配

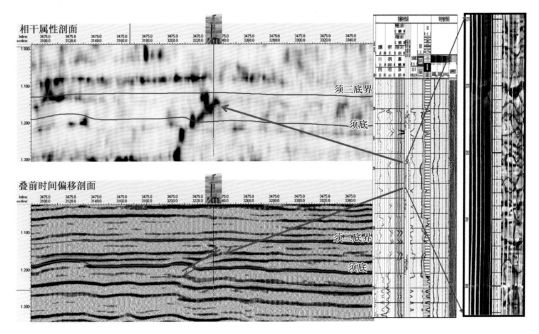

图 3-14　利用成像测井标定偏移剖面及相干属性剖面上的小断层

3.2.3　精细解释高分辨剖面

　　三维地震勘探在构造层位、断层识别上具有空间可连续追踪的优势，利用三维地震资料追踪解释组合断层的过程，如图 3-15 所示，一级断裂为近南北向、北东向断层，二级断裂为近东西向断层，三级断裂为北东东向断层。基于三维信息的追踪可精细地解释断点的位置。

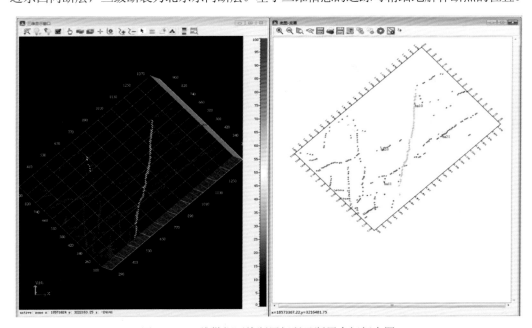

图 3-15　三维勘探区块断层解释及断层空间闭合图

利用三维时间切片作为精细解释的一个重要的手段。纵向剖面可以实现信息的横向追踪，而时间切片更有利于信息在深度方向上的显示对比，见图3-16。

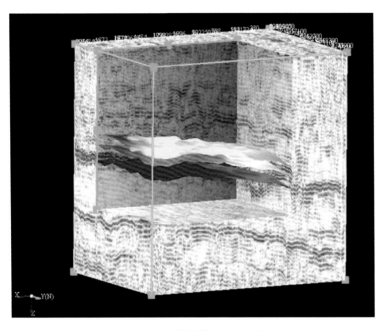

图 3-16 三维椅状切片显示图

3.3 山地高陡复杂构造分辨率讨论

地震勘探资料的分辨率是有限的。具体表现为：

（1）通过反褶积压缩子波来提高剖面的分辨率，会牺牲剖面的信噪比。

（2）追求过高的覆盖次数、小道距来提高分辨率得不偿失，将大大增加勘探成本。

（3）利用分频扫描来确定地震资料有效频带宽度在生产中较为实用。

（4）资料处理质量取决于原始单炮记录，原始单炮记录的频宽决定了资料处理剖面的分辨率。

（5）在不考虑噪声情况下，利用反褶积来压缩子波可使信号频带得到拓宽。

（6）资料采集时必须依据近地表结构提高有效波能量、降低各种干扰噪声。

（7）采用 VSP 测井资料进行井控反褶积来提高地震资料分辨薄层的能力。

4   剖面极性鉴别及处理质量监控

4.1   极性确定的重要性

来自地腹的地震反射波到达检波点时，检波器接收到的起跳信号称为"初至"。根据初至反射波起跳方向的不同，分为正、负两种极性。

地震资料采集：检波器连接方式或录制仪器开关设置的改变，都可能导致采集的原始资料极性的改变。

室内资料处理：从原始资料输入到提交最终叠加剖面经历了很多处理流程，难免在某个环节会出现极性改变的情况，如子波反褶积输入、输出的相位，可能导致相位角的差异。

4.2   地震反射剖面必须极性统一

（1）剖面的极性不同，整个剖面面貌、波形特征、波组关系、其波峰和波谷所代表的地质含义不同。

（2）如果剖面极性不统一，就不能正确地标定主要地质界面，剖面间的层位无法进行层位的对比追踪及闭合（接点时差 15ms 以上），层位闭合时差超限（行标）。出现波形特征差异较大，直接导致编制的等 t_0 图不符合地质规律。

（3）如果剖面的极性不统一，所标定的储层位置不正确，储层顶、底界面的对比追踪和对储层提取的各种属性以及反映的储层地震响应特征都是错误的，导致储层解释结论的错误，造成试油时出现误判，不能获得高产油气流。

（4）只有严格地保证区内地震反射剖面极性统一，才能对地质界面及储层位置进行准确地标定，确保综合地质研究成果的精度。

4.3   地震反射剖面极性的确定

4.3.1   国际标准 SEG 极性

SEG 正常极性：初至下跳，即由低速层到高速层间的反射界面为正反射系数，地震反射同相轴为波谷反射。

SEG 反正常极性：初至上跳，从低速层到高速层的反射界面为正反射系数，对应反射波表现为波峰（变面积黑色梯形块）。

4.3.2 国际标准极性与合成地震记录极性的关系

正极性合成地震记录：定义低速层到高速层间的反射界面为正反射系数，对应地震反射同相轴为波峰反射。反极性合成地震记录为从高速层到低速层间的反射界面为负反射系数，对应地震反射同相轴为波谷反射。

正极性合成地震记录与 SEG 反正常极性相对应，反极性合成地震记录与 SEG 正常极性相对应。

4.3.3 地震反射剖面极性鉴别的方法

由于 SEG 反正常极性与正极性合成地震记录一致，地震反射时间剖面的同相轴以黑色梯形块构成，有利于识别追踪，因此一般习惯于用合成地震记录正极性（虚线框内）来进行地质层位标定和对比解释，见图 4-1。

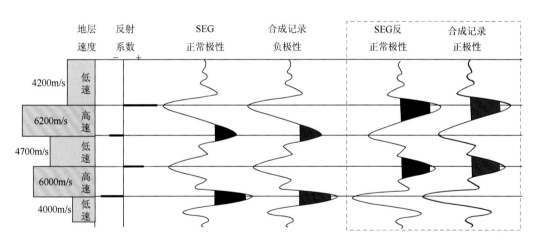

图 4-1 合成记录判别极性示意图

4.4 地震反射剖面极性判别的认识

（1）各类储层综合评价中最重要的工作是利用钻井、测井资料对储层进行标定，而极性的判别则是储层标定工作中最重要的一环。

（2）应当采用多种方法确定地震反射剖面的极性，最直接的方法为利用区域标准层确定地震反射剖面的极性。如四川盆地印支期构造面（上三叠统须家河组底界）、上二叠统底界、上奥陶统五峰组页岩底界、下寒武统筇竹寺组页岩底界。它们之间一定是由低速到高速的单强相位，见图 4-2。

（3）地震反射剖面最终处理结果的极性，输出必须为零相位剖面。

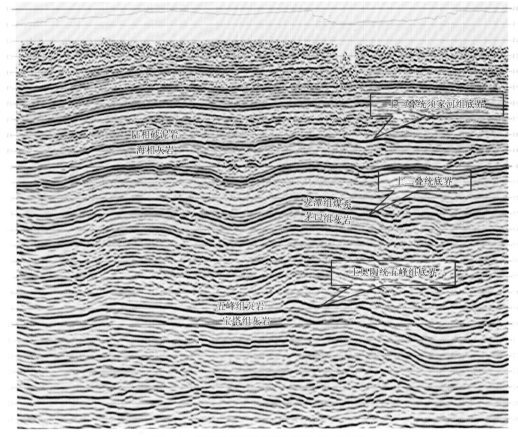

图 4-2　利用地质界面判别极性（LZB3D）

（4）地震资料存在极性问题的原因，主要由于资料处理过程中相位角的不断改变，特别是子波反褶积前输入最小相位，反褶积后输出零相位，如果两者用反，或者输出了最小相位，将会导致地震反射剖面与地腹地质反射结构相差 90°相位角。在实际工作中，如钻井储层厚 14m，由于剖面极性问题预测储层为 0m，即无储层，造成与地腹地质情况不一致，出现错误的结论。

4.5　地震资料处理质控体系的建立

为了保证地震资料处理成果相对保真、保幅、提高成像精度及分辨率，以满足综合地质解释的需求，近年来随着地震勘探生产技术的不断发展，地震资料采集、处理、解释一体化系统工程已得到全面推广，即针对地质要求对采集、处理、解释过程中发现的问题，采用针对性的技术手段及时解决问题，从而更加适应油气勘探开发的需求。

4.5.1　质控技术思路

山地高陡复杂构造地震资料处理流程中，每一个步骤均有可能使剖面的品质下降。因此，通过质量控制技术手段判别每一步处理过程的正确性是非常必要的。处理工作中，必

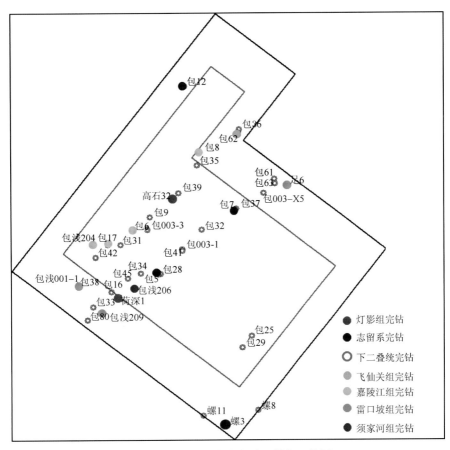

图 5-1 四川盆地荷包场地区勘探现状图

4. 项目完成情况

项目来源，地质任务，完成的处理、解释、储层预测主要工作量，主要成果认识，考核指标完成情况等。

5. 项目资源配置

项目实际投入的人员，技术装备情况（软硬件名称及版本）。

5.2 确定主要反射层和标准层

地震反射剖面上的同相轴，大致反映地腹地质结构的基本情况，通过选择区域上地震反射特征明显的波阻抗界面（可以对应的地质界面）以及反射品质较佳的地震反射同相轴作为地震反射标准层，根据同相轴的对比解释原则进行地质层位的追踪对比解释。

5.2.1 地震反射标准层代表性较强

地震反射标准层应当为分布范围广、波形特征明显、波组关系清楚、相位特征突出，能够连续追踪对比的反射层。其地震反射同相轴能量强、光滑、连续，可以在较宽的范围内进行连续追踪对比，见图5-2，其中"飞底、上二叠统底、五峰组底、寒底"为研究区内地震反射标准层。

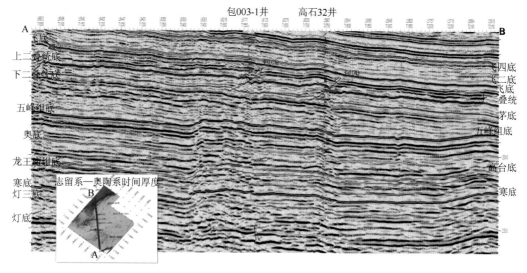

图 5-2　地震反射标准层的确定图

5.2.2　具有明显的地震反射特征

地震反射特征主要为振幅、频率、相位、波形、能量特征，波组关系通常指地震反射标准层与上覆、下伏相邻地层同相轴构成的一套波组。地震反射标准层必须具有波形特征明显，波组关系清楚，反射品质较佳、易于对比追踪的特征，见图5-3。

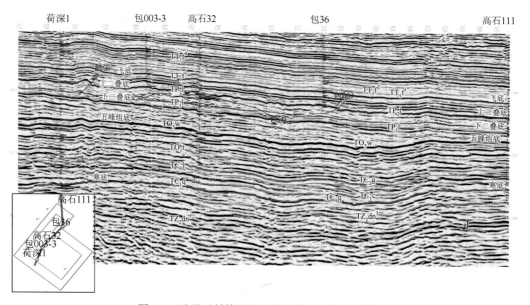

图 5-3　地震反射特征突出的标准层（联井剖面）

5.2.3 反映地层厚度变化规律

区内的主要地震反射标准层应当选择反射系数较大的波阻抗界面，例如沉积间断面、剥蚀面、不整合界面、岩性分界面等，能够反映区内地层厚度变化规律，便于对研究区内构造及储层的精细解释。根据声波测井资料制作合成地震记录，进一步标定次要地震反射标准层（下二叠统底、石牛栏底、沧浪铺底），见图5-4。对区内构造的演化发展、沉积特征及储层发育情况进行深化研究。

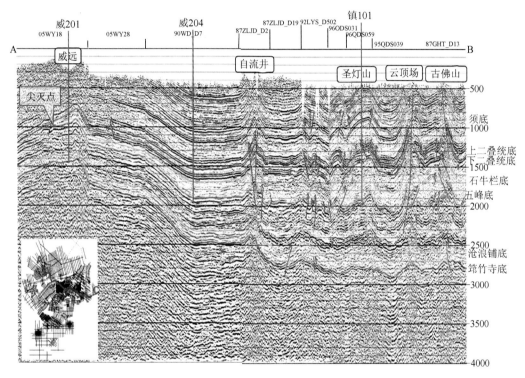

图 5-4　反映地层厚度变化特征的格架剖面图（剖面长 120km）

5.2.4 地震反射标准层对应明显的岩性界面

地震反射标准层的好坏，主要由横向沉积的稳定性所决定。利用区域综合地质研究总结出地震反射标准层波形特征并进行分类，划分地震相，通过井震标定后将地震相转换为对应的沉积相。

1）稳定区沉积的反射特征

台盆稳定区的沉积条件较为稳定，横向上地层沉积组合连续性较强，因而地震反射标准层的波形特征在较大范围内其动力学特征几乎没有变化，能非常容易地确定出地震反射标准层。

2）深水湖沉积的反射特征

对于深水湖相沉积的泥岩、油页岩、砂岩、泥灰岩、灰岩、白云岩等互层结构，其稳定性较好，分布范围较广，地震反射标准层特征较为明显，可以确定为较好的地震反射标准层。

3）浅水湖及沼泽相沉积的反射特征

浅水湖相及沼泽相沉积组合有一定稳定性，反射波特征在一定范围内具有一定的稳定性，反射能量较强。由于岩性组分变化（相变），地震反射同相轴连续性变差、波形不太稳定，相位分叉、合并增多，相位数变化较快。

4）河流、三角洲相沉积的反射特征

河流、三角洲相沉积组合稳定性较差，岩性变化大、反射波特征不稳定，在小范围地震反射同相轴增多或减少，连续追踪对比有一定难度。

5）氧化环境下河流相沉积的反射特征

氧化环境下河流相沉积能见到反射层，但干涉现象较为严重。

6）坡积与洪积相的山麓快速砾岩堆积的反射特征

由于快速堆积的层理性较差，地质界面的地震反射同相轴光滑程度及连续性变差，反射波可能存在散射现象，地震反射同相轴强弱交替变化明显。

7）沉积间断的剥蚀面的反射

地层不整合面上、下岩性差异明显，反射系数较大，可以形成良好的波阻抗界面，其地震反射特征较为清楚。例如，四川盆地的上三叠统须家河组底界（陆相与海相分界面）反射，其同相轴能量强、连续性很好。在沉积间断期间，因构造运动有基性火山岩喷发（玄武岩）活动，分布在不整合面上的火山岩与上覆沉积地层波阻抗差异很大，地震反射同相轴的振幅相对较强；因为玄武岩的喷发范围较小，呈零星分布，所以可以追踪对比的范围十分有限。

5.3　地质界面的综合标定技术

山地复杂构造（二维、三维）地震资料精细解释，地质层位标定是根本，始终贯穿于整个资料精细解释全过程。地质层位标定是地震反射剖面与钻井、测井、地质等信息连接的桥梁，将地震层位赋予地质意义。将地震反射同相轴（反射界面）转化为地质层位（地质界面），研究各地质时期的地层结构、岩性的横向变化情况，描述研究区的构造演化及发展史。

地震反射层的地质层位标定，主要是对地震反射同相轴所代表的地质界面，利用钻井、试油资料准确标定储层的位置，提高构造精细解释及储层预测综合地质研究成果的可靠性。通过钻井、测井、试油资料对地震资料赋予地质含义（岩性、层厚、速度、孔隙度、含流体性等岩石物理特性），提取地震属性参数（振幅、频率、相位、波形、相干切片等）与测井资料建立对应关系，在过井地震剖面上，通过对地震反射同相轴的追踪对比解释，由点到线、由线到面外推到无井控制区域地震反射信息（振幅、频率、相位）的地质含义。

对主要目的层的地质界面标定后，利用钻、测井资料对层间重点小层进行精细标定，以保证山地高陡复杂构造精细解释、储层预测及综合地质研究成果的精度。

5.3.1　地震反射层位地质界面的标定过程

（1）使用声波测井曲线时，首先要对声波测井曲线质量进行确认。要求测井曲线与岩性对应较好，测井的井段尽可能长，制作的合成地震记录可以标定更多的地质界面，更全面地与井旁道进行比较，层位标定结果才会更可靠。对声波测井曲线局部有问题井段进行合理地编辑调整。测井与地震之间的速度可能存在一定的系统差，致使某些层位对齐而其他层位不能对齐，标定时应参考邻井及周边井的标定情况，在合成地震记录上锁定主要反射界面，对局部曲线（纵向上压缩或拉伸）进行适当调整，实现地质层位的准确标定。

（2）VSP 测井资料、制作的合成地震记录，振幅、频率必须与地震剖面保持一致。如果井旁道与井孔两者相隔一定距离或存在井斜时，应对各目的层进行投影校正，投影方向一般为沿构造等高线平行投影；如果地层走向尚不清楚，可将井孔位置垂直往距离井孔最近的地震测线投影。在投影点进行层位的标定工作，合成记录与井旁道的反射波形、能量、频率和时差可能会存在一些差别。标定不同的区块、不同年度的地震资料时，必须保证 VSP 资料、合成地震记录与地震反射剖面的极性和比例尺完全一致。

（3）钻井分层与测井解释必须吻合，在合成地震记录上准确标定或引入 VSP 走廊叠加剖面。如果区内有多口钻井资料，应检查各井分层是否统一，对不合理分层的井要进行分层统一。各种用于层位标定的资料与不同区块、不同年度地震资料可能会存在系统时差，应分析时差规律，以便在层位标定和后续资料解释中进行校正。要保证用于标定层位的各种数据计算的正确性，标定与被标定资料的基准面必须校正到统一位置。

（4）用于引入层位的地质图、构造图、地质横剖面等与地震剖面同相轴对比追踪结果产生矛盾时，一方面应检查地震剖面同相轴对比追踪的合理性和正确性，另一方面应分析地质调查成果制图精度和可靠性，做到合理取舍。在应用多口井合成地震记录标定层位时，应在综合分析各井的声波测井质量、地质分层的准确性和统一性基础上，剔除或修正有问题的井，由于地质分层与地震反射所强调的波阻差大小没有必然联系，加之薄层影响和地震分辨率的限制，有些地质界面不一定刚好标定在井旁道的波峰或波谷，应当选择最接近该界面的波峰或波谷，便于剖面对比追踪及剖面闭合，编制的地震反射构造图精度更高。

（5）地质层位标定在同相轴的波峰还是波谷，取决于界面上、下岩层速度关系和地震剖面的极性，如果界面之上地层为低速，界面之下地层为高速，则为正反射系数，此时，若剖面极性为 SEG 正常极性，则界面地质层位应标定在波谷上；剖面极性为 SEG 反正常极性时，应标定在波峰上。

反之，为负反射系数时，若 SEG 为正常极性，地质层位应标定在波峰上；SEG 为反正常极性时，应标定在波谷上。

（6）要充分认识到用于层位标定的资料和地震资料质量对标定结果的影响，并进行深入分析，正确理解地质层位与所标定的地震层位间的对应关系。地震剖面同相轴的地质解释就是通过层位标定手段对所对比追踪的同相轴赋予正确的地质层位的概念，一般来说，一个同相轴（无论是波峰还是波谷）基本上对应了一个地层的分界面，但由于薄层影响和地震分辨率的限制，某些地层分界面不一定正对应于地震道的波峰或波谷，而往往对应于地层分界面上、下邻近数个地质薄层的复合波的不同位置。因此，地震剖面上的地质层位解释一般应采用"相当于"的修辞来说明界面的名称。

5.3.2　地震合成记录的制作方法

（1）时深关系建立：声波和密度测井曲线纵坐标均为深度，为了便于利用声波曲线制作合成地震记录对地质界面进行标定，必须将声波曲线的深度坐标转换为时间坐标，多数解释系统软件具有该转换功能（自动转换）。如图 5-5 所示，利用 BA21 井、LU13 井合成地震记录标定地质层位，左边为伽马、声波测井曲线，右边为过井地震剖面，从图中可以看出，合成地震记录与井旁道的波形特征、波组关系、波间时差、振幅、频率、相位吻合程度较高。

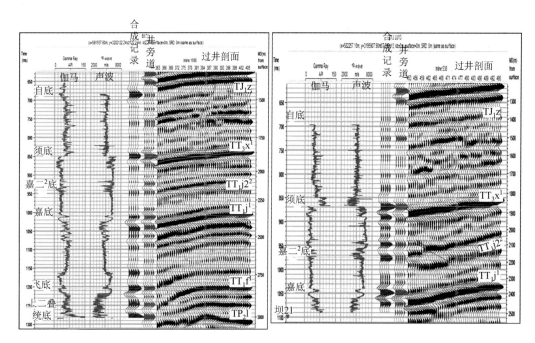

图 5-5　Ba21、LU3 井合成地震记录标定地质界面

（2）地震子波选取。制作合成地震记录时子波的选取尤为重要，地震子波的选取方法如下：

①利用不同频率的雷克子波制作合成记录与地震记录进行比对，选择拟合度最好的雷克子波频率制作的合成记录进行层位标定。

②在地震记录上提取子波。通过反复试验，求取相关系数较高、符合本区特点的子波。利用地震测井或 VSP 测井的初至波时，可考虑将初至波作为地震子波。

③利用声波测井资料及井旁道记录求取地震子波。

④地震反射剖面由浅至深的频率变化较大，应用时变子波，即不同的深度段采用适合于该深度段的子波。

在合成记录制作过程中，对于缺少 VSP 测井和地球物理测井资料的区块，采用地震测井资料、地面地质露头和区域引层的标定法来标定地质界面。

在山地高陡复杂构造解释过程中，利用区内多口井的声波曲线制作合成地震记录进行地质层位标定，如图 5-6 所示，区内利用 13 口井分别标定了主要目的层——须底、嘉二^{2}底、嘉底、飞底、上二叠统底、下二叠统底、上奥底、寒底共 8 个地质界面。

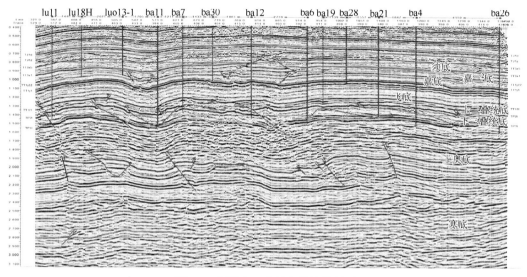

图 5-6　利用多口井标定的连井剖面

如图 5-7 所示，利用合成记录标定小层及薄层，合成记录与井旁道的波形特征、波组关系、振幅强弱、波间时差等吻合程度较高，说明薄层地质层位的标定可靠。

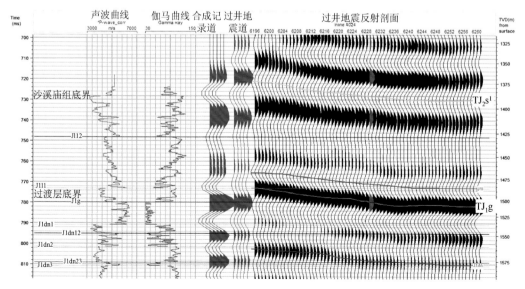

图 5-7　利用声波曲线制作合成记录标定薄层

5.3.3　地震反射层的地质层位标定方法

地质层位标定主要有 VSP 测井、地震测井、合成地震记录、邻区过井剖面引入、区域地质资料、剖面地质"戴帽"等方法。

5.3.4　地震测井资料标定地质层位

1. VSP 资料标定地质界面

利用 VSP 资料标定地质界面是最直接的方法，将走廊叠加剖面嵌入地震反射剖面中，标定地震反射层的地质界面，见图 5-8，从图中可以看出，地震反射剖面比走廊叠加剖面分辨率略高，主要目的层波形特征明显、波组关系清楚，层位标定可靠。

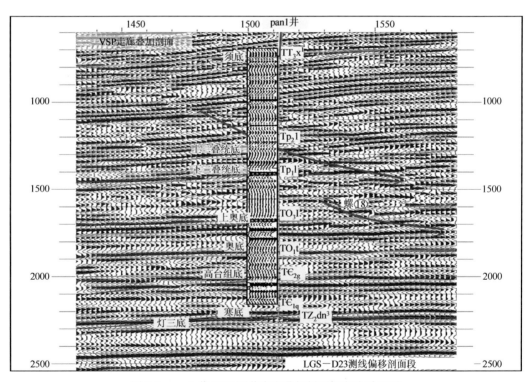

图 5-8　pan1 井 VSP 测井走廊叠加剖面标定地质界面

2. 地震测井资料标定地质界面

利用地震测井资料做层位标定时，首先是在 $T\text{-}H$ 曲线上读出要标定层位的测井时间，通过基准面换算为地震反射时间（t_0），见图 5-9，从图中可以看出 yangshen1 井标定的 5 个地质层位的剖面时间，其误差在 7～19ms。

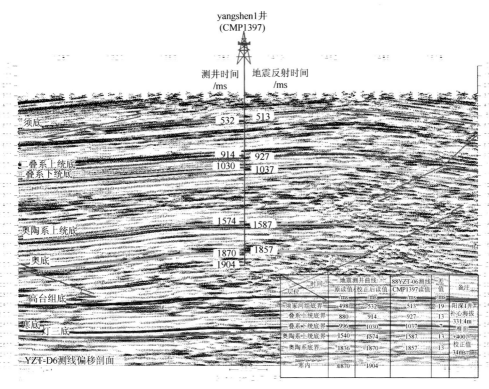

图 5-9　地震测井标定地质界面

3. 合成地震记录标定地质界面

如图 5-10 为 na53 井合成地震记录标定地质层位，标定了上三叠统须五底、须底、下三叠统嘉二^{2}底、飞底、上二叠统底共 5 主要目的层，合成地震记录与井旁道的振幅、频

图中表格：

层位	时间			差值/ms	备注
	地震测井曲线原读值/ms	校正后读值/ms	88YZT-06测线CMP1397读值/ms		
须家河组底界	498	532	513	19	阳深1井补心海拔331.4m
叠系上统底界	880	914	927	13	基准面
二叠系下统底界	996	1030	1037	7	-400；
奥陶系上统底界	1540	1574	1587	13	校正值
奥陶系底界	1836	1870	1857	13	34ms
寒内	1870	1904			

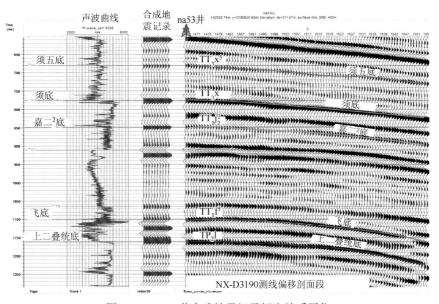

图 5-10　na53 井合成地震记录标定地质层位

率、相位、波形、波组关系、波间时差等吻合程度较高，说明地质层位标定可靠。

　　图 5-11 为 penglai14 井的合成地震记录标定地质层位情况，从图中可以看出合成地震记录与井旁道的振幅、频率、相位、波形、波组关系、波间时差等匹配较好，表明其地质层位标定准确可靠。

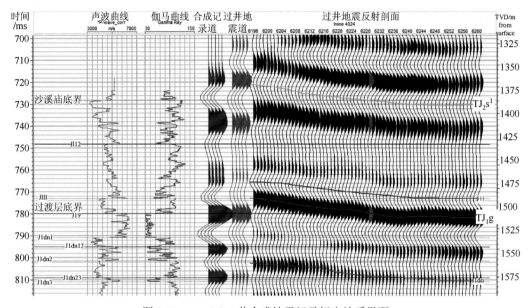

图 5-11　penglai14 井合成地震记录标定地质界面

5.3.5　从相邻研究区引入地质层位

　　pan1 井离研究区距离为 58km，钻井位置在 LGS-D23 测线上，通过接 JJ010 测线、接 JJ002 测线后与本区 GHT-D221 测线交接点引入地质层位，将 pan1 井的 VSP 测井标定层引入研究区内。从联井剖面可以看出其主要目的层的波形特征明显、波组关系清楚、层位引入可靠，见图 5-12。

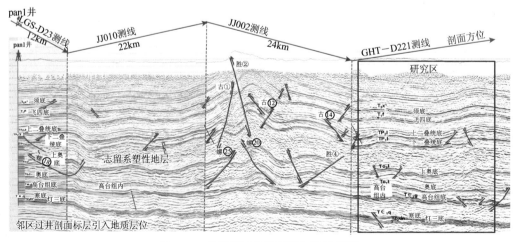

图 5-12　从邻区过井剖面引入地质界面

5.3.6 根据区域地质资料确定地质层位

在新区开展地震资料解释时，由于没有钻、测井资料，从邻区又无法引入地震地质层位时，利用地面露头地质资料及区域地层厚度资料，根据地表出露地层标定与地腹反射层相当的地质界面，见图 5-13。

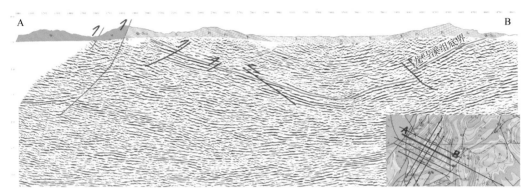

图 5-13　利用地面露头资料推断地质层位

5.3.7 薄互层地质界面标定技术

利用 VSP 速度及变频雷克子波制作的（hechuan113 井）合成地震记录对井旁道进行标定，见图 5-14，其合成地震记录与地震反射剖面相关程度较高，标定的介壳灰岩与钻井资料吻合较好。根据地震数据提取的地震子波制作的合成地震记录，见图 5-15。从图中可以看出，合成地震记录（蓝色）与井旁道（红色）吻合程度较高，标定的介壳灰岩产层与钻井资料一致，表明储层标定准确可靠。

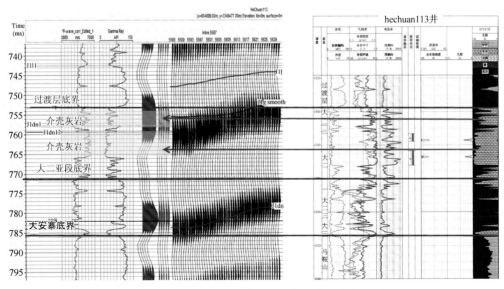

图 5-14　合成记录（雷克子波）标定介壳灰岩产层

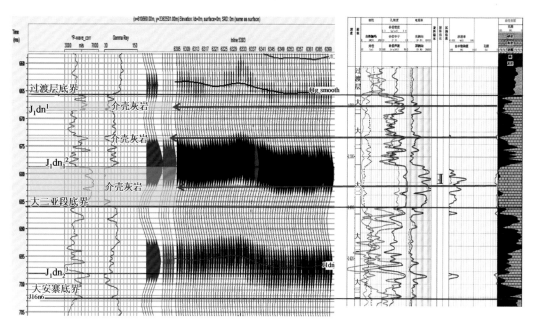

图 5-15　利用地震子波制作的合成地震记录标定介壳灰岩

5.3.8　深度域地质界面标定技术

（1）叠前深度域偏移剖面地质层位标定时，可以直接利用测井资料标定地质界面，由于测井与地震资料频率可能存在一定差异，在制作合成地震记录时，通过反复选择不同频率的子波制作合成地震记录，并与地震反射剖面的频率进行比对，直到频率差异较小或频率基本相同为止，然后对深度域的层位进行标定。

（2）提取井旁道零相位子波，制作深度域的合成地震记录时，尽量使地震反射剖面与合成地震记录的频率基本保持一致，以保证其波形特征、波组关系、层间厚度的最佳匹配。

根据不同的目的层段深度，选择不同的深度段时窗分别提取地震子波，反复制作合成地震记录与井旁道进行比较，以保证深度域地质界面标定的精度，见图 5-16。

5.3.9　地质层位标定精度分析

（1）地震测井的速度与声波测井速度之间存在一定差异，大多数的地质层位标定较好，少数层位存在一定的时差。在标定时首先锁定标定较好的标准层，然后对合成记录局部进行适当调整，使主要目的层标定正确可靠。

（2）个别井段的声波测井曲线与周围多数井的声波曲线存在差异时，需要对个别井段声波曲线进行适当的编辑。

（3）制作的合成地震记录，必须与地震反射剖面的振幅、频率、相位、波形、能量等特征保持较好的一致性。

（4）合成记录、VSP 资料应与地震反射剖面极性完全一致。

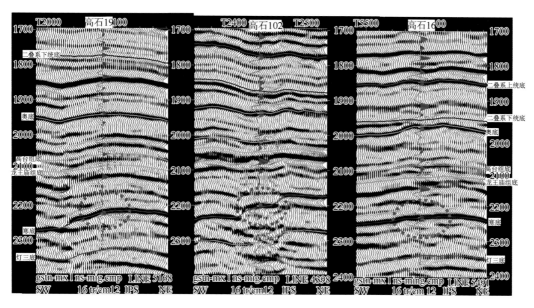

图 5-16 深度域标定地质界面

（5）地震反射剖面的基准面及静校正速度必须一致。

（6）对井旁地震道及井轨迹、井斜、方位作适当校正。

由于地质界面与地震反射界面波阻抗差异没有必然联系，受薄互层调谐厚度的影响及地震分辨率的限制，标定时不一定正对波峰或波谷。考虑到标定应易于层位追踪对比解释和构造成图及储层预测确定时窗范围，所以应尽量标定在波峰或波谷，在报告及附图中加以说明。

5.3.10 主要地震反射层波形特征描述

首先对主要地震反射层的品质进行分析，利用合成记录、VSP 测井、地震测井等手段标定其相当的地质界面。反射层特征的描述涉及全区及邻区的变化趋势，建立起区内的地震反射标准层，为层位对比追踪确立参考依据，也是精确查明地腹构造圈闭要素的重要依据。通过合成地震记录标定地质界面，对地震反射同相轴赋予地质意义，如四川盆地蜀南区块的四个主要波阻抗界面，见图 5-17。

TT_3x^1 反射层：相当于上三叠统须家河组底界反射（简称须底）。

TP_2l 反射层：相当于上二叠统底界反射（简称上二叠统底）。

TO_3w 反射层：相当于上奥陶统五峰组底界反射（简称上奥五峰底）。

$T\mathbb{C}_1q$ 反射层：相当于下寒武统筇竹寺组底界反射（简称寒底）。

上述四个地震反射标准层在偏移剖面上的波形特征表现为：

TT_3x^1 反射层：该反射层为陆相与海相地层分界（印支）面，为一个反射振幅较强的波阻抗界面，其特征为单强相位，强相位后常呈弱复波，单强相位为标层相位；为四川盆地内反射品质较佳的地震反射标准层之一，其波形特征突出，波组关系清楚，易于连续追踪对比。

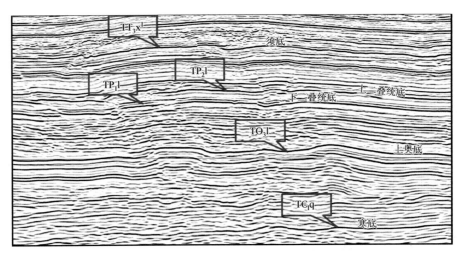

图 5-17　四川盆地地震反射标准层波形特征图

TP₂l 反射层：该反射层为上二叠统龙潭煤系（低速）与茅口组灰岩（高速）的分界面，剖面上为一单强相位，该相位能量最强，连续性好，特征稳定，单强相位为标层相位，为四川盆地内反射品质较佳的地震反射标准层之一。

TO₃w 反射层：为上奥陶统五峰组页岩底界与下腹上奥陶统宝塔组灰岩的分界面，通常为一个单强相位，单强相位为标层相位，为四川盆地内地震反射品质较佳的地震反射标准层之一。

T∈₁q 反射层：为下寒武统筇竹寺页岩底界与下腹上震旦统灯影组灰岩的分界面，剖面上为前强后弱的两个相位组成，反射特征较为明显，前相位为标层相位，为四川盆地内地震反射品质相对较佳的地震反射标准层之一。

5.4　确定研究区的构造样式

含油气盆地的复杂构造模式分类、形成机理，已有许多学者进行过详细论述。不同研究人员有各自的构造模式划分和命名标准，在一个盆地内也可能存在不同的构造样式。

5.4.1　构造样式的定义

地震反射剖面上的构造形态、隆拗相间排列、受应力状况等方面有着密切关联的总称，即构造样式，表现为在地质应力作用下所形成的构造变形痕迹。主要表现为：

（1）地震反射剖面上反映的构造形态、平面展布规律，背斜、向斜相间排列、相互关联的构造形变组合的特征；

（2）在相同应力环境下所产生的构造变形规模大小；

（3）多种复杂变形的构造复合体。

5.4.2　构造样式的简单分类

山地复杂构造精细解释中，结合复杂构造典型油气田的构造模式，主要根据构造样式分为隔档、隔槽、档槽过渡式。

　　隔档式：向斜宽缓、背斜狭窄，甚至推覆倒转的构造样式，如川东高陡复杂构造带，盆周山前推覆构造带，见图5-18。

　　隔槽式：背斜宽缓、向斜狭窄的构造样式，如湘鄂西冲断褶皱带的宜都-鹤峰复背斜南部，见图5-19。

　　档槽过渡式构造：介于隔档式和隔槽式之间的构造样式，如四川盆地周边的黔江、城口凹陷褶皱带，见图5-20。

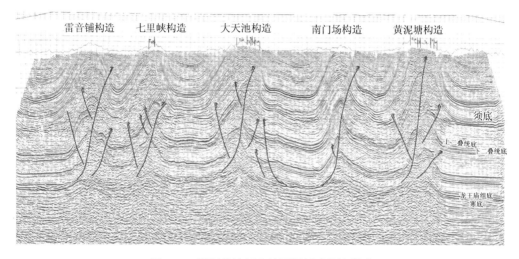

图5-18　四川盆地川东地区隔档式构造样式

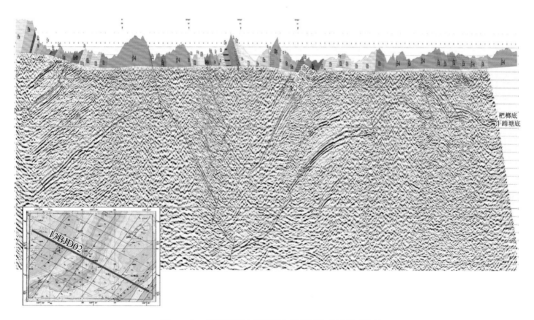

图5-19　湘鄂西冲断褶皱带隔槽式构造样式

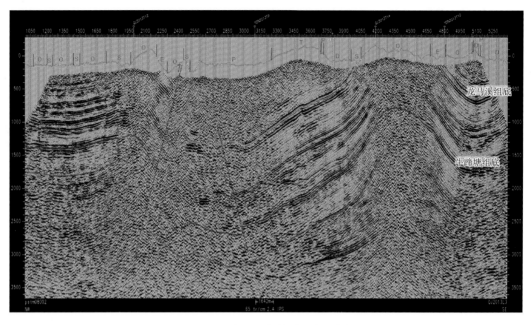

图 5-20　重庆黔江档槽过渡构造样式

5.4.3　构造样式确定的意义

构造样式为构造形态组合的几何形态，通过对盆地和造山带进行分类，可以确定盆地和造山带内的构造样式及沉积模式，为构造精细解释建立地质构造解释模型，为沉积体系划分提供沉积模式。油气田构造研究中，构造样式的确定为最重要的一环，其确定有利于对含油气盆地性质、类型、动力学特征、构造变形、构造演化、油气成藏的分析及认识，为研究油气藏的圈闭类型、成藏条件及勘探目标的评价奠定坚实的基础。

多年的勘探开发实践证明，众多的构造样式为多期构造运动叠加复合的产物，介于不同基本构造样式之间的过渡类型较为普遍。确定纷杂的构造叠加复合产物的构造样式的确定十分困难。掌握各种基本构造样式的特征是综合地质解释的关键所在。

1）基底隆起构造陷落的构造样式

处于拉张环境条件下，地腹基岩不断隆升，两翼岩块在侧向重力的作用下，沿断陷边界断层下滑，形成陷落的背斜构造样式。

2）披覆背斜构造样式特征

披覆构造是由于它与其下伏的地质体伴生关系密切而形成。当披覆构造下的核部为古潜山、岩性体或地质异常体，而披覆在核上的为其他地层时，差异压实作用形成披覆背斜。

上述两种构造样式都与铲式断层有关，在拉张应力作用下局部区块也有可能形成挤压性质的构造样式。同一地区的构造由于受多组系地质应力的复合作用，使地腹构造形态变得十分复杂，其构造样式难以确定，如先期挤压—拉张—挤压—侧向挤压的江西南鄱阳盆地二甲村构造带。

5.5　走滑构造的特征

通常指大型平移断层，两盘顺直立断层面相对水平滑动，走滑构造的基本要素为走滑断层，走滑断层有时称为平移断层和扭转断层。由于剪切应力的作用形成走滑断层，走滑断层的两盘沿断层面走向发生相对位移，产生各种类型走滑断层所伴生的复杂构造形变特征，构成了走滑构造的多样性和复杂性。

5.5.1　走滑构造分类

1. 沿断面水平移动分类

根据走滑断层两盘产生位移的方向，可划分为左旋及右旋走滑断层，见图 5-21。

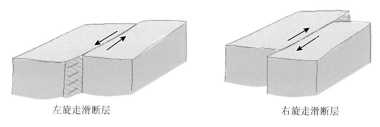

左旋走滑断层　　　　　　右旋走滑断层

图 5-21　走滑断层分类

2. 根据走滑断层性质分类

根据走滑断层的性质不同分为走滑正断层及走滑逆断层，见图 5-22。走滑逆断层大多发育在前陆逆冲断褶带或造山带前缘，形成压扭性盆地；走滑正断层一般发育在台盆区，形成断陷盆地，见图 5-23。

走滑正断层　　　　　走滑逆断层　　　　　右旋走滑逆断层

图 5-22　走滑断层性质

3. 走滑与逆冲断层共生

平面上，一般走滑断层发生时，走滑块体向滑动方向产生挤压力，形成逆掩或逆冲断层，形成受断层控制的褶皱，见图 5-24。

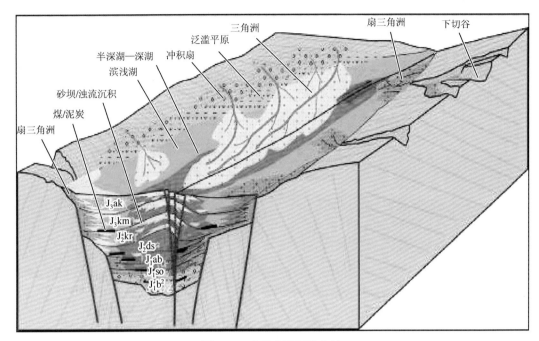

图 5-23　右旋走滑断陷盆地

图 5-24　走滑伴生逆冲断层

5.5.2　如何识别走滑构造

1. 平面上识别

走滑断层需要从运动学特征及三维空间形态来确定其产状，走滑构造复杂带往往分布在走滑带附近较为有限的范围内。例如，贵州岑巩地区的走滑断层十分发育。见图5-25，主控走滑断层倾角较陡或近于直立，切割平移两盘的构造，图中发育在区内西北部的农场坪断层、北部的民和断层、近南北向的水尾断层，均为走滑逆断层，为多期构造运动的复合产物。

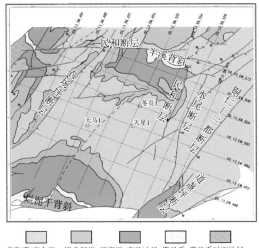

图 5-25 多期走滑断层特征图

2. 剖面上识别

走滑构造在剖面上特征较为明显，横切走滑断层的剖面上（图 5-26）。岑⑤、岑④、农场坪断层、岑③、岑②走滑断层表现为下窄上宽的破碎带，而岑①、岑⑱表现为上窄下宽的剖面形态。

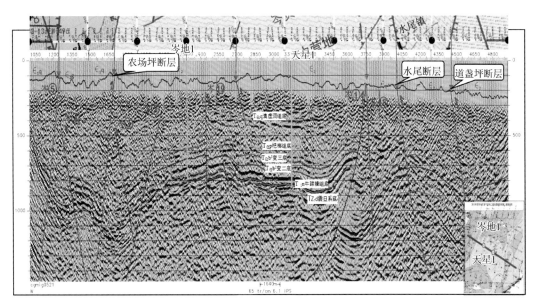

图 5-26 贵州岑巩区块走滑断层的剖面形态（0521 测线）

1）正花状构造剖面形态

正花状构造是压扭性应力场作用下的产物，正花状构造的断片向上散开像花朵一样，向深部逐渐收敛变陡变窄，分支断层与主控断层之间存在一定的逆滑距，而分支断层之间展示出"地垒式"的断片结构，剖面形态主要表现为复式断背斜构造，见图 5-27。

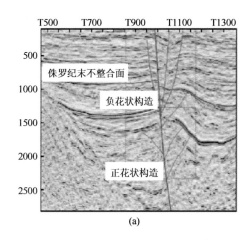 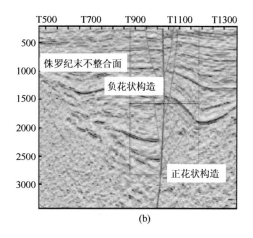

图 5-27　花状构造剖面特征

2）负花构造的剖面形态特征

负花状构造主要是受张扭性应力场作用的结果，主控断层与分支断层之间存在正滑距，撒开的分支断层之间形成"地堑式"断片结构，断层向上撒开分枝并形成复向斜构造。

5.5.3　反转构造

由于区域构造应力场发生改变，导致先期挤压或拉张力学性质形成隆起或拗陷构造类型，转化为拉张或挤压力所形成的拗陷和隆起构造特征。

正反转构造：从区域拉张性应力场转为区域挤压性应力场形成的构造。

负反转构造：从区域挤压性应力场转为区域拉张性应力场形成的构造。

形成反转构造的前提条件必须是早期存在断裂系统，无论是由正断层变为逆断层还是由逆断层变为正断层；早期存在的断裂经过后期构造运动改造形成反转构造，见图 5-28，转换断层在拉张箕形盆地受后期构造运动改造的局部构造中较为常见。

1. 正反转构造剖面特征

半地堑（裂谷或断陷）：P_1l 和 P_2l 形成于裂谷前期，T_1f^1 为裂谷后期，其中裂谷同期 P_2l 层序厚度在断层上、下盘存在较大差异，即上盘厚度明显大于下盘，反映了断层高速生长的时期，见图 5-28。

2. 负反转构造剖面特征

受先期挤压形成逆断层，见图 5-28，晚期拉张使该断层转换为正断层，断层上盘接受 T_3x^1 以上地层沉积，下盘的 P_2l—T_1f^1 地层遭受风化剥蚀。负反转构造的演化过程主要为：

（1）未受构造变动的地层：上覆地层与下伏地层平行接触，断层上、下盘地层层序完全相同。

（2）挤压褶皱期：相互平行接触地层，受到东西向水平挤压形成褶皱构造。

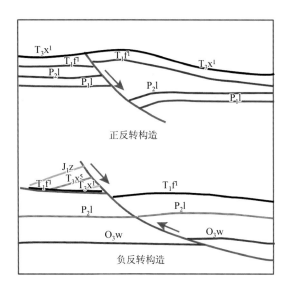

图 5-28　反转构造剖面特征

（3）褶皱、剥蚀期：褶皱构造被剥蚀夷平。

（4）褶皱、逆冲期：区域挤压应力对构造持续作用，发生逆冲。零点随逆冲盘上升，逆冲。

（5）轻微负反转期：挤压应力场转为拉张应力场，导致逆断层沿断面下滑形成正断层，此时断距为零，可定义为轻微负反转期。

（6）中等负反转期：受拉张应力及翘倾作用的影响，形成半地堑型断陷盆地。

5.5.4　叠瓦状构造组合

在拉张半地堑后期，地堑填平后形成多套地层，受挤压后沿着滑脱层形成叠瓦状冲断构造，未波及裂谷沉积地层；继续挤压后裂谷地层反转，上覆叠瓦状构造持续变形，形成叠瓦状构造组合形态，见图 5-29。平落①号断层上盘发育有高深①、高深②、高深③、高深④，三合①号上盘发育三合②、高①、高②号断层。

5.6　盐上、盐下构造特征分析

盐上、盐下构造是指沉积地层中的盐层因重力或构造运动产生塑性流动，伴随着盐体几何形态变化，使得上、下地层或围岩发生不同程度的构造变形。

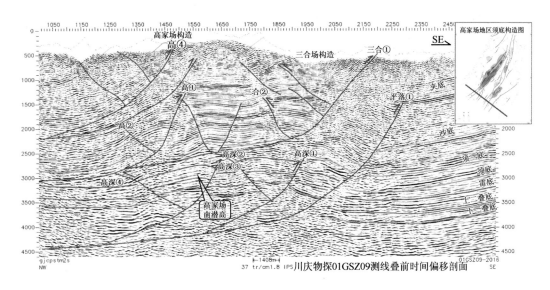

图 5-29　反转构造与叠瓦状构造叠合剖面特征

5.6.1　盐上及盐下构造

形成盐底辟构造的必要条件：低密度膏盐岩层要有足够厚度；上覆地层的密度大于膏盐岩层的密度；膏盐岩层面受负荷很不均匀。在大多数盐盆沉积过程中，当盐岩层沉积的厚度不一、上覆地层沉积填平补齐时，很容易导致盐岩层面的静压力极不均匀，在构造应力作用下，盐岩层面之上的负荷不均匀性更为突出，促进了盐岩相关构造的形成及演化发展。

1. 重力和地层密度差异

受重力作用及膏盐密度的影响，形成盐上形变构造，深埋地腹的膏盐岩沉积受上覆巨厚沉积岩层的负荷，在重力作用下产生密度"倒转"而使低密度膏盐岩产生塑性流动，特别是局部构造断裂带附近低密度膏盐岩往上挤入上覆沉积岩层之中，使构造产生严重变形，厚度差可达数百米。如四川盆地临峰场构造顶部的临 7 井膏盐岩钻厚 690.3m（三条断层重复），翼部仅为 20m 左右，见图 5-30。

2. 构造运动

膏盐岩层与上、下地层或围岩的密度差异较小，沉积物成岩之前，膏盐岩层没有发生大的塑形流动，基本处于稳定状态。当受挤压或拉张地质应力作用后，导致盐岩层及上、下围岩发生形变，其盐上和盐下构造层形态受盐岩层塑性流动的影响，构造形态差异较大，见图 5-31。四川盆地以寒武系高台组海相膏盐为界，可分为盐上及盐下构造。

3. 硬石膏高含水变形

地球化学性质表明，硬石膏层遇水发生化学反应，使硬石膏体积膨胀，塑性明显增强，硬石膏层内产生形变，在局部地区还可能形成小型递冲断层及十分复杂的褶皱构造。

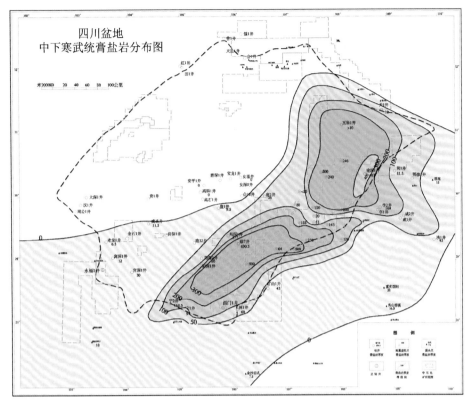

图 5-30 四川盆地寒武统膏盐岩厚度分布图

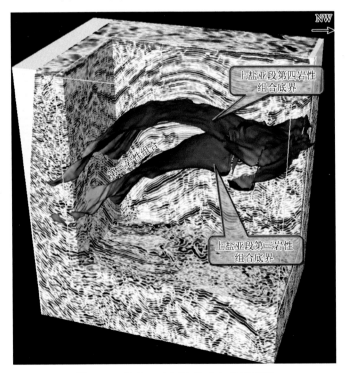

图 5-31 盐上、盐下构造形态差异明显

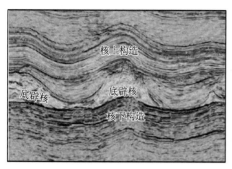

图 5-32　膏盐岩底辟作用剖面特征

5.6.2　底辟构造

盐岩层向上塑性运移，造成上覆岩层发生形变称为底辟作用。由盐岩底辟作用形成的构造称为盐底辟构造。盐岩（膏盐岩、包括塑性很大的泥岩）造成的底辟构造在含盐沉积盆地较为常见，与油气聚集关系密切，见图 5-32。

5.6.3　底辟构造分类

底辟核、核上构造及核下构造为盐底辟构造的三要素，底辟核主要为膏盐层及塑性泥岩等低密度柔软岩层组成；核上构造层为覆盖在底辟核之上的沉积地层；核下构造层是指底辟核下腹的沉积岩层或基底。

1. 盐底辟核构造

通常由高塑性膏盐岩形成其底辟体，底辟核组成分别有盐岩、石膏低密度柔软泥岩及黏土等。喷发的岩浆岩未冷凝时处于流变韧性以及塑性状态的变质岩也可以视为底辟核，前提条件为上覆岩层的密度大于底辟核的密度。

根据底辟核构造与核上地层的刺穿情况，分为隐刺穿底辟及刺穿底辟构造，见图 5-33。造成上覆岩层形变的底辟核成分可以为盐岩、膏盐、低密度柔软泥岩、黏土岩及喷发岩、变质岩底辟等。

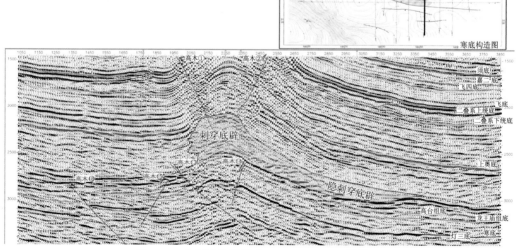

图 5-33　盐底辟构造模式（2015GMD005 测线）

（1）隐刺穿底辟。底辟核变形并引起核上岩层变形而未刺穿核上岩层，没有"侵"入上覆岩层中。

（2）刺穿底辟特征。底辟核变形刺穿核上地层，刺穿到上覆多套地层之中，使核上地层产生变形。沉积盆地中的底辟构造还可以根据底辟核形成不同的形态，特别是盐底辟的底辟核的形态差异较大，底辟核向上运动的幅度可以相差很大。盐底辟核表现形式较多，分为枕状、丘状、柱状、蘑菇状、鸭头状、瓶塞状、泪滴、塔松、驼峰、脊状等形态底辟。

2. 盐上地层的变形特征

底辟核上覆地层受底辟作用形成核上构造，其类型较多，形态繁杂。影响上覆沉积地层的厚度及其岩性分布的主要因素为底辟核的形态和垂直位移幅度。盐岩受地质应力及重力差异作用发生底辟作用，造成上覆岩层形变为穹窿或断鼻褶皱，见图 5-34。

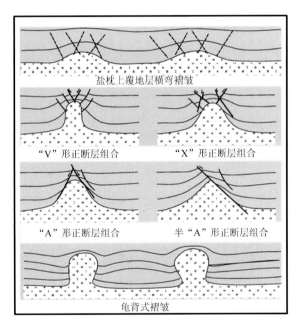

图 5-34 盐核上构造变形模式

（1）盐上岩层的塌陷构造特征。由于盐岩层被溶蚀或柔流，可能使上覆岩层发生塌陷，形成盐上岩层的塌陷构造。塌陷构造样式则与上覆岩层有关，通常为正断层结构，在剖面上形成小型地堑构造。溶蚀塌陷构造多为同生构造，上覆同生沉积在地堑内部沉积厚度相对较大。

（2）盐上岩层的正断层构造特征。底辟核向上塑性位移对核上岩层施加的构造应力与垂直层面的差异挤压力和剪切力相当，岩层沿水平方向伸展变形，往往形成正断层。

3. 盐下的构造形态特征

底辟核下伏地层在底辟过程中形成的构造称为盐下构造，盐下构造形态较为简单，受后期构造影响程度度较小，为早期构造运动的产物，主要反映盐岩沉积前的构造痕迹。

5.7　山地高陡复杂构造

山地高陡复杂构造主要发育在四川盆地东部地区，西起华蓥山构造带，东达方斗山构造，南起南川—武隆一带，北达城口—巫溪以南的区域，属于四川盆地中隆高陡构造区，包括黄泥堂、梓里场、双石庙、华蓥山四个构造群，面积约 $55000km^2$。

山地高陡复杂构造区经历了多期次的构造运动作用，褶皱强烈；局部构造的纵向变异特征明显，断裂十分发育；高陡构造顶部地层倒转，四个构造群中分别展布有七里峡、华蓥山—铁山、温泉井等 10 个构造带，发育有 234 个构造圈闭（包括已发现的潜伏构造）。主要为隔挡式高梳状对称-不对称高陡复杂构造，形似扫帚状，北部撒开往东部突出、南部收敛、南东呈弧形突出，总体构造轴向以北东、北东东向展布为主，见图 5-35。

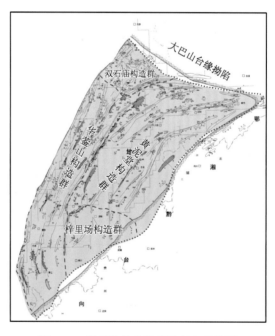

图 5-35　四川盆地山地高陡复杂构造区

山地高陡复杂构造区地形十分险要，地质条件复杂，出露地层老，褶皱强烈，于 1959 年首先在卧龙河低陡构造进行钻探并获得重大发现，推进了山地高陡复杂构造的勘探开发进程。

1990 年开始石炭系的勘探开发并获得了重大突破，为川渝地区油气上产做出了巨大贡献。

5.7.1 高陡复杂构造的地质特点

高陡复杂构造的垂向变异较大，钻井资料揭示浅、中、深层构造的形态差异明显，断裂展布纵横交错。

印支运动之后的沉积建造（湖盆、陆盆沉积）：背斜褶皱强烈、隆起幅度高、构造两翼出露地层较新、受力情况较为复杂、主控断层上盘陡翼直立甚至倒转，浅层构造保存基本完整，与地表构造形态大致相似。

海西运动之后的沉积建造（海盆沉积）构造受力十分复杂。褶皱变形厉害，相邻构造层之间构造形态变化较大，主控断层倾角较陡，均为倾轴逆断层，落差可以达到上千米，延伸长度可达数百公里。断层上盘的构造陡翼下三叠统嘉陵江组（尤其是膏盐地层）受强烈构造应力作用而形成局部柔皱，导致该套地层的厚度急剧加厚。二叠系、石炭系在主控断层下盘往往形成次一级潜伏构造，为高陡复杂构造油气勘探的重点区域。

加里东运动期的沉积建造（海盆沉积）：主控断层向下滑脱于志留系塑性地层或消失于下寒武统高台组膏盐柔性地层之中，下腹龙王庙组以下地层褶皱强度相对减弱，断层较少，构造隆起幅度变小，见图5-36。

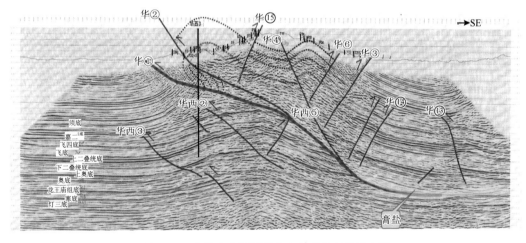

图 5-36 华蓥山大断裂消失在寒武系膏盐层内部

5.7.2 构造主体推覆倒转

高陡构造主体与断层下盘的潜伏构造高点，存在由浅至深往构造缓翼偏移的特点，构造轴线偏移的程度与构造的两翼不对称性密切相关：构造两翼不对称性越大，高点轴线偏移的范围也越大，与高点的深度无明显关系。

地质层位及断层解释完成后，根据钻井、测井、区域速度资料充填各解释层位之间的层速度。建立高陡复杂构造的地质模型，进行时-深转换，获得各主要目的层的构造图及埋深图，为钻井地质导向提供可靠依据。

　　高陡复杂构造的速度结构在纵向上变化十分剧烈,重点考虑主控断层(华蓥山断裂带)的影响,地腹构造形态十分复杂,逆掩部分较宽。受压实作用的影响,同一地层的层速度纵向上变化较大,对奥陶系以上各速度控制层以华①号断层分界,分别选取速度控制层。根据构造特征选取速度控制点建立时-深转换速度模型,见图5-37。

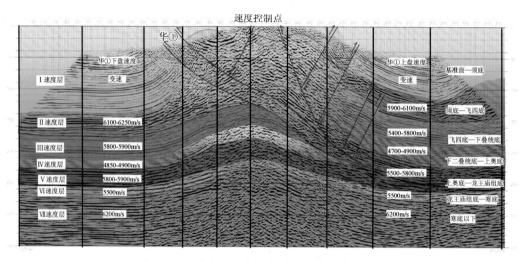

图 5-37　山地高陡复杂构造时-深转换深度场构建

5.7.3　正扫帚状构造样式

　　受区域拉张翘倾运动作用,由于受力不均,形成的凹陷边界断裂根部断阶束向上合并形成正帚状构造样式,在地震反射构造图上形似扫帚状的构造样式。根据其形态又有人称之为"下马尾"构造样式。

5.7.4　倒扫帚状构造样式

　　在区域拉张应力及翘倾运动的作用下,形成箕状断陷的边界断层,其梢部断阶束往深层合并。形似倒帚状构造样式(地震反射构造图上构造形态表现为倒帚状断阶构造展布)。这种紧邻生油凹陷的断阶一般为寻找油气的有利目标区带,见图5-38。

5.7.5　断鼻构造特征

　　断鼻构造的成因较为复杂,见图5-39,花③号断层下盘为断鼻构造。

　　断鼻构造成因可大致分为三种:

　　(1)在区域地质应力及重力的作用下,主控断层的下降盘往往出现断面往拗陷中心牵引的现象,其主要原因是沿断层走向的断面产状平滑程度不一致。由于断层下降盘的岩性存在一定的差异,其牵引程度不一致,与断面形成断鼻构造。发育在盆地边界断裂的下盘,通常表现为正向断鼻形态。

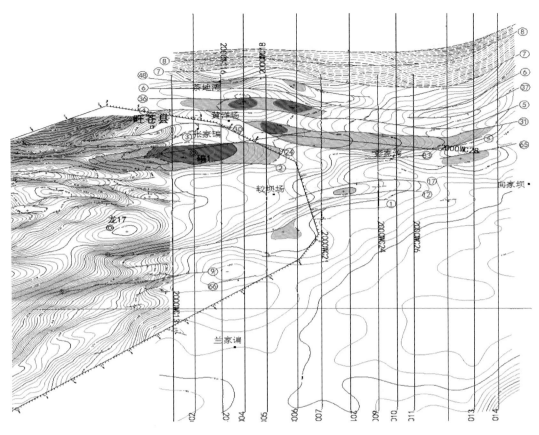

图 5-38　倒扫帚状构造形成的断阶构造

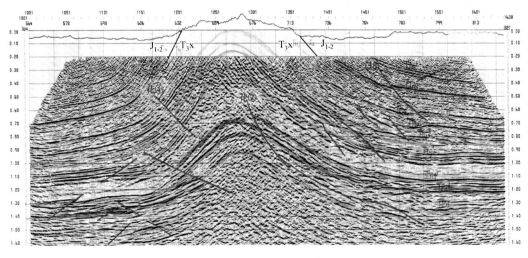

图 5-39　剖面上的断鼻构造（04LZLH13 线偏移剖面）

（2）山前带前缘的斜坡部位，或受多组地质应力复合作用的复杂构造，易于形成断鼻构造。

（3）地腹构造被不同方向的断裂所切割，断块之间的构造十分复杂，但总的趋势仍为断鼻形态。

5.8 地震反射同相轴的对比追踪

山地高陡复杂构造（二维、三维）剖面的精细对比解释，为储层预测及综合地质研究奠定了基础。通过区内构造样式的确定，精细追踪对比地质层位及断层组合，查明断裂空间展布情况，建立适合研究区的时-深转换速度场，将时间层位、断层转换成深度域的层位、断层，对地质目标的埋深进行预测。针对剥蚀面、砂体、鲕滩、生物礁、优质页岩等各种地质异常体进行深入研究。提供有利的钻探靶点，进行钻井地质导向，实时跟踪钻井轨迹，针对钻井过程中出现的复杂情况，及时提出调整靶点或侧钻建议。

地质层位及构造模式确定后，首先解释过井地震反射剖面，剖面解释必须要遵循地震波的动力学原理及运动学特点，进行全区层位追踪对比解释。由于地腹地质结构在不同地区或构造带有着千差万别的变化，因此水平叠加剖面上表现的地震反射结构存在较大差异，甚至表现为十分复杂的反射波场。根据相邻剖面相似性原则及合理增加辅助层对全区地震反射剖面进行精细追踪对比解释。在地质、构造理论指导下，对地震反射波场中的各种形态、各种特征的同相轴进行合理的地质解释。一般来说，应对同相轴代表的地质层位、同相轴表现的构造形态、同相轴间的厚度关系、同相轴特征变化的地质含义、同相轴间反射时差变化的地质原因等进行解释。了解构造形态、断层性质，细致分析其他特殊地质体是否存在，其平面分布特征、划分构造层等。

地震资料解释中剖面精细对比技术为最重要的基础性工作，制定的解释方案直接影响地质成果的精度。地震反射时间剖面上的同相轴经过钻、测井标定后，已赋予地质含义。根据地震反射波的动力学原理识别和追踪来自同一反射界面的同相轴，在追踪对比时要注意：不同地区地层纵横向的结构情况；地震反射同相轴特征及地层厚度有规律变化的特点；地层纵向上刚、柔相间组合的特点；地层在不同性质构造应力作用下的形变特点；构造不对称和高点偏移的普遍性；断层牵引的普遍性；正、负向构造相间伴生的基本规律等。这些都是地层和构造具有的共性。牢固地掌握有关的地质构造基础，才可能将地质构造有机地融入地震资料构造解释中，从地质的角度对地震反射剖面中的各种波场现象进行合理的分解。

5.8.1 水平剖面与偏移剖面的对应关系

1. 水平叠加剖面的特点

水平叠加剖面是经过动校正后的叠加剖面，一般情况下，再经 DMO（倾高时差）处理，可以比较接近自激自收的 T_0 剖面。它既消除了接收距离变化对记录时间的影响，又较为全面地保留了各种地震信息及其特征，为综合地质解释提供了更客观、丰富的地震地质信息。但是，记录是反射波法线方向自激自收 T_0 时间值，水平叠加剖面不是深度剖面。因此，它反映的地质现象在深度及水平方向上都存在一定的位置偏差，见图 5-40。

图 5-40　四川盆地西北部 HWC 地区水平叠加时间剖面（2010SH09 测线）

随着地震勘探的不断深入发展，勘探领域向盆周断裂带及山前带拓展，地震地质条件十分复杂，断层纵横交错。水平叠加剖面解释需要反复认识、不断深化，才能解释出与地腹地质情况十分接近的方案。

2. 偏移叠加剖面的特点

偏移叠加剖面与水平叠加剖面相比，不同之处在于：有效反射同相轴在空间上得到了合理地归位，从而使相互交错、干涉的同相轴得到分离；绕射波收敛，回转波得到合理归位；断面波更清晰，使偏移剖面上的地质现象更接近地腹构造形态。见图 5-41。

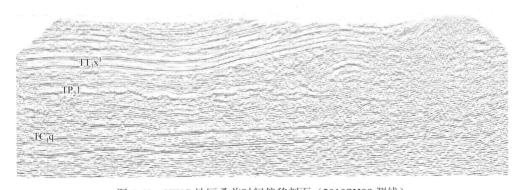

图 5-41　HWC 地区叠前时间偏移剖面（2010SH09 测线）

山地高陡复杂构造已普遍采用叠前时间偏移剖面解释，二维地震勘探越来越少，随着三维地震的不断增多，在高信噪比地区已逐步使用叠前深度偏移技术。通过钻井、测井、VSP 资料建立深度偏移速度模型，获得最佳的成像速度，通过验证井分析深度偏移成果的精度，深度误差必须满足地震勘探规程要求。

（1）经偏移处理的剖面有可能丢失部分有效地震信息，掩盖一些地质现象，如频宽降低，拉伸现象、偏移画弧的干扰，绕射波信息的归位等，图 5-42。

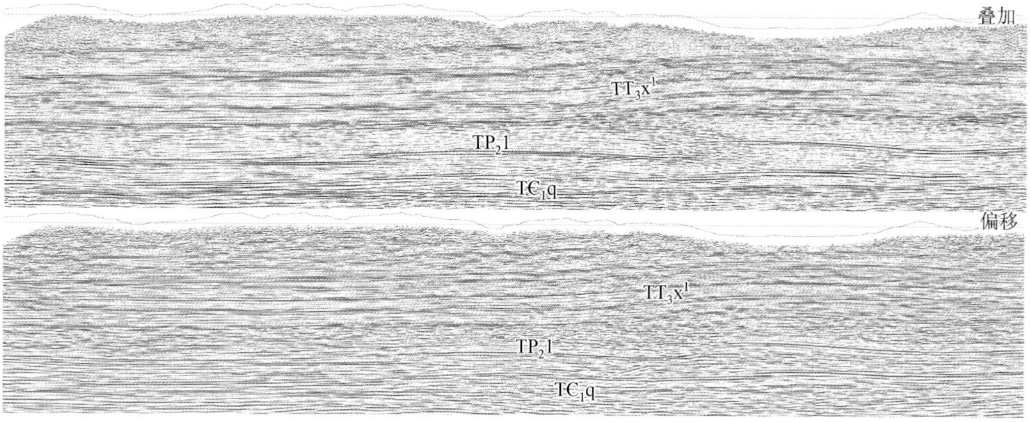

图 5-42　WD 地区 97WD007 测线叠前时间偏移效果

（2）层析反演仅仅是利用初至波反演近地表模型，不可能完全反演一个完整的地质模型来指导叠前深度偏移工作。

（3）叠前时间偏移模型的建立，通常直接利用反射波反演地质模型，通过反复试验、调整修改模型来获得偏移模型。

（4）叠前深度偏移模型的建立，必须通过处理、解释人员的密切配合，结合地质、钻井资料分析建立叠前深偏模型。

（5）地震反射剖面的速度结构，主要是通过速度分析，特别是通过剩余静校正与速度分析的反复迭代而获得。

5.8.2　山地高陡复杂构造地震反射波的识别

来自同一波阻抗界面的地震反射波，受该界面产状、岩性、埋深、上覆地层厚度等因素的影响，不同波阻抗差的界面地震反射同相轴及同相轴波组特征具有不同响应特点，存在一定的相位、能量、波形、频率、波间时差等差异，在相邻地震道上来自同一地质界面的地震反射波具有相似性，可以利用其相似性特征在地震反射剖面上识别和追踪对比地震反射同相轴。只有遵循同相轴对比追踪基本原则，才不会背离地震勘探原理解释地震剖面，才能有效地、合理地将地震信息与地质信息有机地联系起来，达到地震、地质的统一。地震反射剖面上识别同一地质界面反射的特征为：

1. 强振幅特征

地震资料精细处理时，采取了很多技术手段来提高地震反射剖面的信噪比。地面检波点接收到来自地腹不同波阻抗界面的反射时，记录到的地震反射振幅大小、强弱关系与界面的波阻抗差、界面形状、传播路经、地层吸收衰减等因素密切相关。总之，有效波的反射能量远远大于各种干扰波。

地腹不同的地震反射层具有各自的振幅特征,四川盆地地腹"须底、上二叠统底、中奥顶、震顶"反射特征十分明显,见图5-43。某一地质界面反射振幅相对稳定,地震反射同相轴连续性较好,如果连续性发生变化(沉积相变)也应当是逐渐变化的。因此,可以根据时间剖面上同相轴的振幅强弱关系识别不同的地震反射层位,利用时间剖面上同相轴振幅稳定及振幅逐渐变化的规律对同一反射界面进行追踪对比。

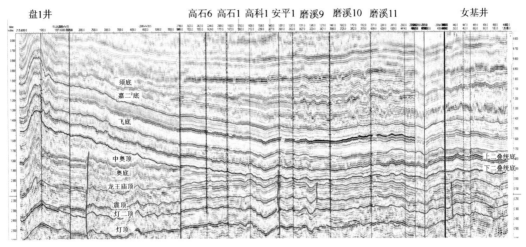

图5-43 四川盆地"须底、上二叠统底、中奥顶、震顶"标准层反射特征

2. 波形相似性特征

地表相邻的检波点接收到来自地腹同一界面的反射波,其振幅、频率、相位、振幅包络形状、波峰及波谷的振幅等特征具有明显的相似性,表明反射波形状具有重复性。当干扰波较弱时,其波形重复性如果发生了改变,可能表明界面附近(上、下)物性的改变或者是地层结构发生了变化,利用这一特性来判断薄储层或储层结构的变化,见图5-44。

3. 同相性特征

地震反射波到达相邻检波点的时间十分接近,相邻地震道的同相性特征十分明显,构成了能量、振幅基本一致,连续性好的地震反射同相轴,见图5-45。

4. 时差规律变化特征

相邻界面间的反射时差是相对稳定的,如果地层沉积厚度改变或地层层速度变化,会导致层间反射时差变化,但这种变化是渐变和有规律的。层间反射时差稳定和有规律缓慢变化的特点是地震资料解释中能借助厚度关系和跳点对比追踪反射层的重要前提,特别是在地震资料信噪较低的情况下,依据这一特点应用厚度关系和跳点对比追踪反射层就显得更为重要,见图5-46。

5. 地震反射射同相轴斜率一致

地层褶皱在纵向上使不同层位产生形态相近的形变,形态相近的界面反射具有斜率一致或基本一致的同相轴组合特征，这是在山地高陡复杂构造地震反射波场中正确识别、分解来自不同形状界面反射的基本准则，见图 5-47。

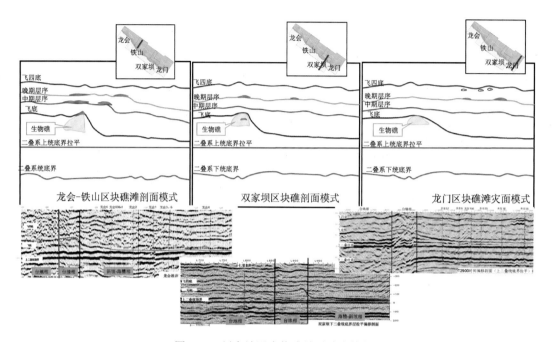

图 5-44 川东地区生物礁地震响应特征

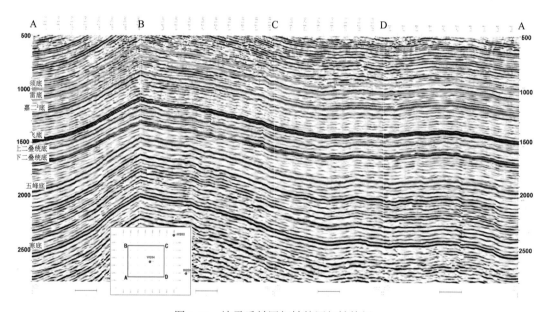

图 5-45 地震反射同相轴的同相性特征

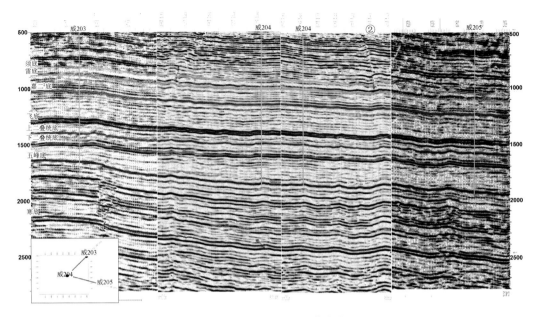

图 5-46　层间时差有规律变化

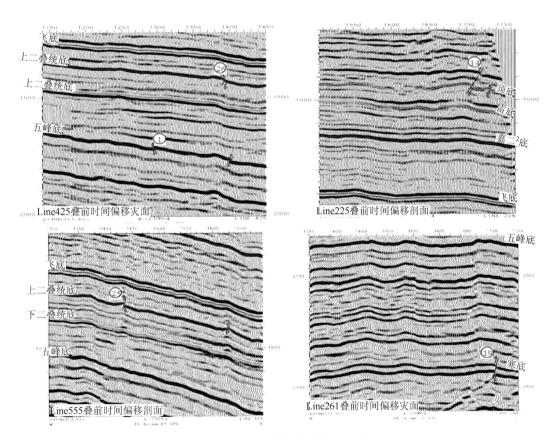

图 5-47　地震反射同相轴斜率一致

6. 同相轴圆滑

由于地腹反射界面形态在横向上一般具有连续渐变的特点,同时由于地震多次覆盖资料采集的横向道距是固定的,且在资料处理中统一了基准面和进行了动静校正,因此无论反射界面形态和埋藏深度如何变化,其反射同相轴表现在水平叠加剖面上始终是圆滑的,不会不规则地任意扭曲,这是对比追踪同相轴的基本准则。如果解释出了任意扭曲的同相轴,应从原始资料采集、资料处理和复杂反射波场波的分解等方面进行分析。

7. 图像与反射界面形态具有对应关系

由于地层长期受到构造运动等多种因素影响,地腹地质界面形态是千奇百怪的,对应的地震水平叠加图像也千姿百态,但一定的界面形态必然对应一定的反射图像。因此,在地震水平叠加剖面解释中,必须深刻认识什么样的地质界面会表现出什么样的地震图像;反过来说,地震剖面上呈现出什么样的地震反射图像,就能初步判断是哪种形态的地质界面。充分明确什么样的地震图像会表现出什么样的地质体,才能将地震水平叠加剖面中的复杂反射图像进行全面、合理的地质解释,见图 5-48。

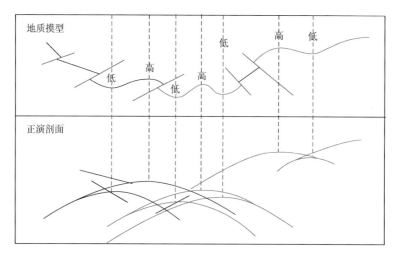

图 5-48　根据地质模型获得的正演水平叠加剖面

5.8.3　山地复杂构造时间剖面闭合

按照地震勘探规程要求,二维地震采集都要设计主测线和联络测线,组成有众多测线相交的测网。不同方向测线交接点地震道具有互换一致性,其观测路线的方向不一致,但两个方向观测到的同一界面点的反射波 t_0 时间是一致的,这为利用剖面交接点来检查层位对比的统一性提供了可能。检查水平叠加剖面对比的可靠性,做好闭合情况统计,分析产生闭合差大的原因。特别是在资料信噪比低的剖面段、所对比追踪的反射层特征不清楚、多组反射波相互干涉严重、侧面波发育等情况下,通过剖面间地质界面交接点 t_0 时间闭合,以保证对比追踪的主要目的层反射正确可靠,见图 5-49。

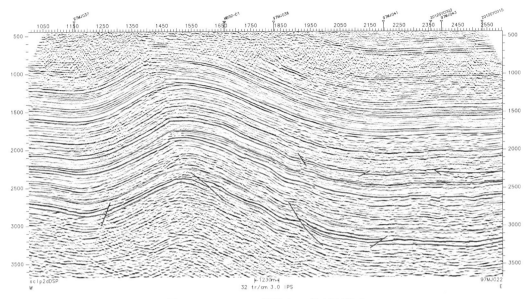

图 5-49　97MJ022 测线与 7 条剖面接点

　　利用时间剖面交点处同一层位时间相等这一特点,可以对同相轴对比的准确性进行检验。山地高陡复杂构造解释过程中,经常会发现存在闭合差问题。地震勘探规程要求同层位交接点 t_0 时间误差不能大于 ±10ms。在剖面接点闭合中,误差在 ±5ms 左右的居多,也存在个别接点误差大于 ±10ms 的情况。导致交接点误差大的主要原因有以下 4 点。

　　(1)采集原因:不同队年或同年度的测线交点(CDP)处,两条测线所对应(CDP)的检波点高差太大,两条测线交点的静校正量差异较大。

　　(2)处理原因:检查两条相交测线剖面的极性是否一致,静校正基准面及替换速度是否相同,交接点处两条测线选取的叠加速度、滤波频带、反褶积模块等参数可能存在较大差异,两条测线偏移归位方向不一致等。

　　(3)地质原因:山地高陡复杂地表地质条件十分恶劣,构造顶部出露碳酸盐岩地层,特别是受多组构造应力复合作用的局部构造,其地震反射剖面信噪比很低,无法准确地读取地质界面的地震反射 t_0 时间。

　　(4)人为因素:地震反射剖面的交接点位置计算不准确,或者 t_0 值读数出现误差等。

　　对时间剖面进行解释时,如果遇到了以上的问题,不应强行闭合,需要找出产生闭合差的原因,然后统一校正一个时间值或作相应的处理参数调整,来解决时差问题。

5.8.4　山地复杂构造平面与空间解释

　　在剖面解释过程中,必须逐条落实各条剖面所解释的构造现象,研究它们的平面分布规律,把剖面、平面和空间统一起来解释,才能全面真实地反映地腹构造形态,见图 5-50。

　　对于二维地震勘探而言,应注意断层的平面组合、等 T_0 图的勾绘、地震反射构造图和地层等厚度图的编制等。将二维地震反射剖面上解释的高点、低点、断块、地层尖灭、岩性圈闭、储层、优质页岩等地质现象,在平面上(X、Y)反映其展布情况。

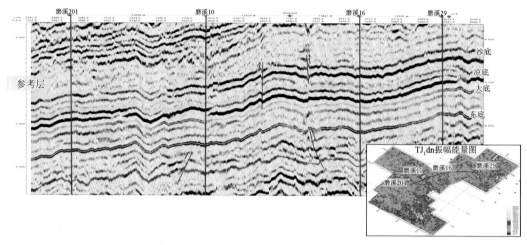

图 5-50　MOXI-LVS 地区精细解释联井剖面

三维地震勘探的优势即层位及断层进行空间闭合解释，可以利用可视化进行断层的空间组合、等 T_0 图、地震反射构造图、地层等厚度图等进行立体显示。随时修改调整，将各种地质现象以三维立体（X、Y、Z）的方式，在三维空间上立体显示出来，更为直观地反映地腹地质现象。利用三维可视化、储层雕刻技术，立体展示各种地质体的空间展布情况。

5.8.5　山地复杂构造综合地质解释

结合地面地质、钻井、测井、试油及其他地球物理资料对地震反射剖面进行综合地质解释，进而对构造形成、演化和沉积相特征做出地质解释，对含油气盆地的性质、沉积特征、构造展布规律、断裂的发育程度及展布情况、油气富集规律作出综合评价及勘探开发有利区的划分。

5.9　山地复杂构造剖面平衡技术

在山地高陡复杂构造地震资料解释过程中，低信噪比地区的局部区块，断层组合方式不同可能导致构造解释方案存在一定的多解性。可以通过一些辅助解释方法来提高解释成果的精度，如结合区域地质、钻井、测井、试油资料。为了验证解释成果的正确性，通过平衡剖面技术对地震反射剖面进行综合地质解释，提高解释方案的可信度。

平衡剖面技术已在石油地质勘探中得到了迅速的发展，平衡剖面技术在对地震资料进行综合地质解释中得到了广泛的应用，逐渐从二维发展到三维模拟，已成为油气勘探开发的重要手段。

5.9.1　山地复杂构造平衡剖面制作

1. 平衡剖面的概念

构造在地史发展中受多期次构造运动的影响，不断地打破平衡状态的同时必然会达到新的平衡。平衡剖面技术的核心：虽然在构造的发展过程中产生了许多断裂，但是层位长度、位移量、缩短量基本保持一致。

平衡剖面解释实质上就是验证山地高陡复杂构造剖面解释的可靠性。平衡剖面既接近地腹地质结构又复合地质规律。沿构造轴向的地震反射剖面，必须严格遵循地层形变前后的长度、面积（二维）、体积（三维）保持基本不变的原则，通过地质模型的建立、平衡剖面计算、压实校正、分析应变量、应变速率的分析研究，反复修正地质模型，使其与地腹地质构造形态更为接近，解释方案更复合地质规律。

2. 解释机理

复原剖面必须结合地面地质、钻井、测井、试油、区域地层厚度资料，经过反复对比修改才能获得更为接近地腹构造的真实形态，见图5-51。

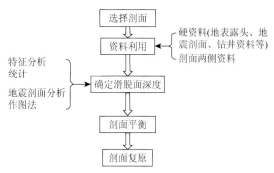

图 5-51 制作平衡剖面的步骤

3. 平衡剖面的制作方法

将平衡技术应用于地震资料解释，可以检验地震剖面是否符合地质规律，不断反复修正地震解释方案，使其更接近地腹地质构造形态。通过地震资料精细解释的地质界面精确地描绘储集体的几何形状和空间展布情况，使储层预测达到定性、定量描述。

利用地震解释剖面，采用正演法制作平衡剖面，见图5-52。建立与剖面结构相同的地质模型，制作出形变的平衡剖面，与实际地震反射剖面进行比对，经反复修改地质模型获得不同的平衡剖面，最终获得与地震反射剖面十分接近的平衡剖面，为综合地质解释奠定坚实的基础。平衡剖面技术可以表征地腹构造形态的形成及演化过程。

山地高陡复杂构造解释中广泛采用复原法制作平衡剖面，见图 5-53。地震资料解释是以地震波的动力学原理及运动学特点为基础的。分析研究地质体所对应的地震响应，进行地震反射剖面的对比解释，对储集体进行定性、定量研究，为油气勘探开发提供可靠的构造圈闭形态及井位目标。

5.9.2 山地复杂构造模型正演技术

地震资料解释过程中，正演与反演是一个逆过程。通过（地震、测井）观测到的数据来反推地下的地质结构、物性展布等都属于反演范畴。随着勘探开发的不断深入，进入到

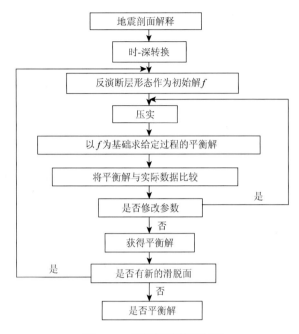

图 5-52　正演模拟平衡剖面

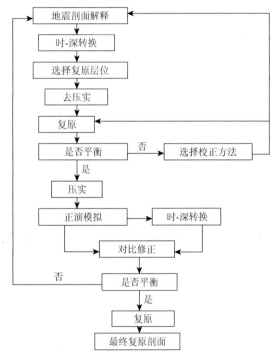

图 5-53　复原法平衡剖面

碳酸盐岩缝、洞、礁、滩体、优质页岩等岩性勘探阶段，针对非均质性强的储层仅做普通的地震反演，难以进行储层预测综合地质研究。通过实钻资料恢复地层结构，建立地质模型，进行模型正演分析，获得地腹地质体的地震响应特征，见图 5-54。

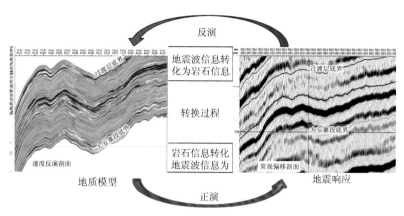

图 5-54 地震和地质认识的转化过程

在山地高陡复杂构造勘探中,对储层进行叠前、叠后反演已得到了较为广泛的应用。对非均质性强的碳酸盐岩储层进行地震反演时,由于反演方法不同,其反演效果差异较大,往往存在多解性。如果要检验地震反演是否符合地质规律,需要对碳酸盐岩储层做模型正演分析。

碳酸盐岩储层非均质性较强,影响储层评价的因素较多,对储层进行综合解释时往往存在多解性。相同的研究区资料,不同的单位或相同单位不同解释人员,其解释成果可能存在一定的差异。由于各自提取的地震属性、地震相分析、地震反演使用的软件和模块不同,或即使软件和模块相同但参数不一致,都会导致不同的储层预测成果。

5.9.3 山地复杂构造模型正演技术思路

1. 地质模型建立

根据地震反射剖面,结合区域地质、钻井、测井、试油资料,建立适合研究区地腹地质结构符合地质规律的地质模型。

2. 物性模型建立

根据区域地质、地层厚度、钻井、测井、试油资料与地震资料紧密结合,综合分析地质模型的岩性、岩石物性等参数,建立正演模型。

3. 地质-物型模型的建立

根据建立的地质模型,通过正演分析,结合地震反射剖面,进一步研究区内的地腹构造形态及断裂的展布规律。

4. 模型正演

利用建立的地质-物性模型,进行模型正演分析,反复修改正演模型,使正演结果与地震反射剖面地质结构一一对应。

5. 正演模型结构与地震剖面对比分析

通过对研究区地层钻井厚度、地层结构、地震剖面反射特征等进行综合分析,建立过井剖面地质模型，进行模型正演分析，通过反复修改地质模型，使模型正演结果与地震剖面反射结构完全一致。

5.9.4　地腹地质体波场响应特征

图 5-55 为四川盆地高磨地区 4 口井的栖霞组储层模型正演分析，受子波旁瓣的影响，栖霞组内部表现为宽波谷夹一弱峰反射或扰动。储层发育的位置、阻抗与围岩的差异及储层厚度等均有可能影响地震反射特征变化，其中储层发育位置与储层阻抗差影响相对更为明显，主要表现在内部反射能量增强或减弱。

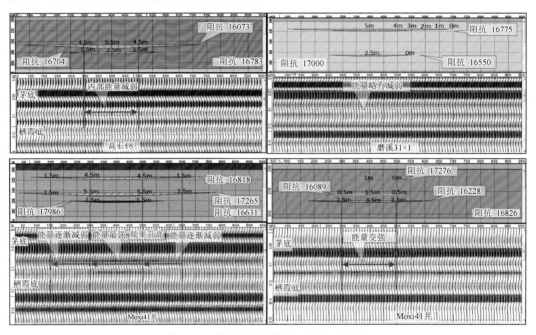

图 5-55　栖霞组储层模型正演响应特征

由于研究区栖霞组的储层较薄（10m 以下薄互储层居多），栖霞组地层的纵、横向非均质性较强，其岩石物理参数差异较大；地质模型正演后的地震响应特征变化较为明显，主要目的层段地震反射剖面的主频仅为 35Hz 左右。显然，分辨薄互层的储层能力较为有限，地震响应的综合效应成分居多，储层的地震响应特征不是十分突出。

栖霞组地层主要表现为宽缓波谷夹一弱峰反射，储层发育在弱反射之上的部位，受地震分辨率影响，储层地震响应不明显，但栖霞组内部的弱反射振幅增强或减弱响应特征有变化，在单井地震反射剖面上，储层的地震响应特征不明显，见图 5-56。

5.9.5　山地高陡复杂构造 AVO 正演分析

如图 5-57 所示，从 moxi39 井 AVO 正演分析可以看出，随入射角的增加，茅口组内部储层的振幅逐渐减弱，叠前时间偏移剖面上 moxi39 井茅口组内部储层地震响应特征表现为振幅减弱的特征。

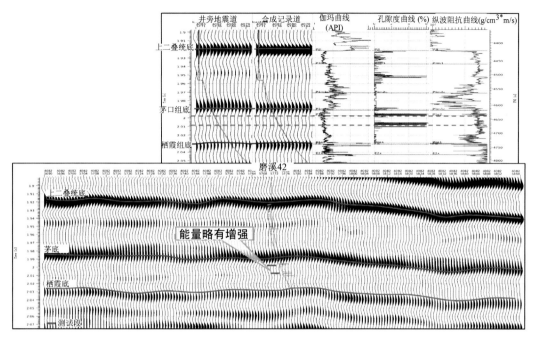

图 5-56 储层的地震响应特征分析

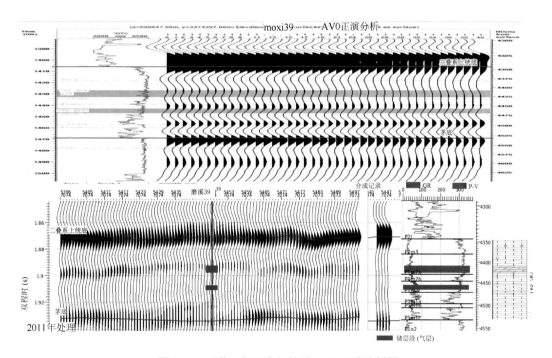

图 5-57 "茅口组"内部储层 AVO 正演分析图

6 山地高陡复杂构造建模

6.1 时-深转换速度场的构建

川西北部（Shuangyusi）构造的时-深转换速度场的建立，主要是通过对研究区及邻区内的 she1、hes1、kuang1、yu1、qingL1、Shuangtan1 等井的速度资料进行综合分析后，分析各速度控制层"须底、飞四底、阳底、寒底"的层速度在平面上的变化趋势；利用钻井深度和井旁道地震反射时间，分别计算"基准面—须底、须底—飞四底、飞四底—阳底、阳底—寒底"、"寒底"以下的层速度，并与实钻井资料进行对比，分析深度误差，反复调整层速度直到与钻井完全吻合为止，见图 6-1。

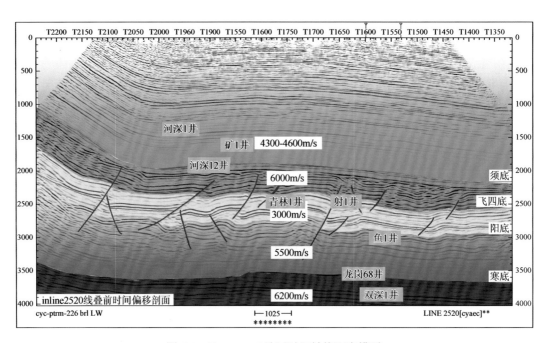

图 6-1 Shuangyusi 地区时深转换深度模型

6.2 山地地震勘探技术攻关

（1）建立适合研究区特点的构造模式是山地高陡复杂构造解释的基础，叠前深度偏移处理是查清高陡复杂构造形态的关键技术，见图 6-2。高木⑬与高木⑭号断层之间寒底构造归位更为合理。

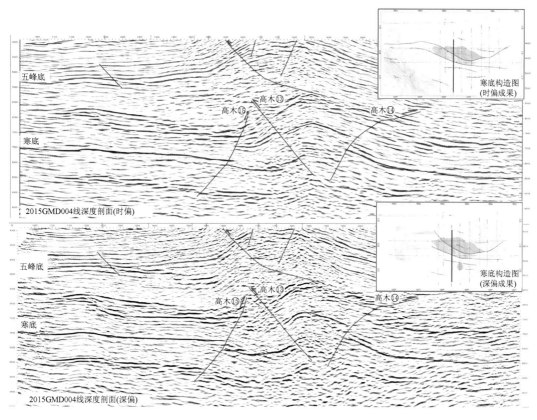

图 6-2　叠前时偏与叠前深偏剖面对比

（2）山地高陡复杂构造的波场十分复杂，纵、横向的速度变化大，叠前时间偏移剖面上反映的构造形态可能存在畸变现象，不能真实地反映地腹构造形态，需要通过深度域利用钻井资料进行深度校正。叠前深度偏移为高陡复杂构造得到合理归位的有效方法。通过处理与解释紧密配合，建立适合研究区特点、符合地质规律的地质模型，才能客观地反映地腹构造形态，落实山地高陡复杂构造的展布特征。

（3）近年来，随着勘探开发程度不断地提高，利用断层相关褶皱及盐上、盐下褶皱构造样式，建立的地质模型更加逼近地腹地质构造形态；通过区域地层对比划分及沉积特征分析研究，地震反射层位相当的地质界面的标定更为准确；速度场研究显得越来越重要，山地高陡复杂构造的采集、处理、解释为一个完整的系统工程，只有紧密结合区域地质、钻井、测井、地震等资料的综合运用，才能保证解释成果的可靠性。

（4）石灰岩出露区多为低信噪比地区，地震勘探经过多年的攻关试验取得了一些进展。但低信噪比地区如何提高地震反射剖面的信噪比、分辨率、偏移归位、深度偏移成像等方面，仍然需要不断地进行技术攻关，见图 6-3。

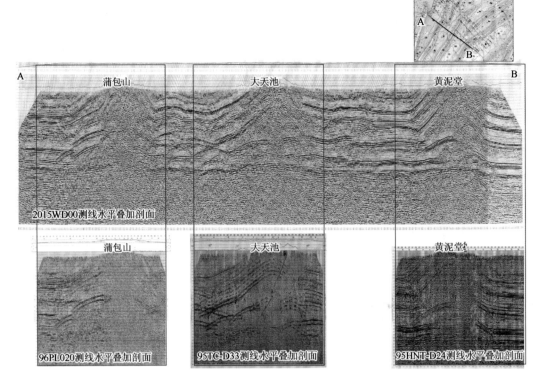

图 6-3　构造顶部灰岩出露区剖面成像有较大改进

6.3　山地复杂构造断层解释

在构造应力作用下，地壳处于不平衡状态。为了平衡，地层一方面以褶皱的方式、另一方面则以发生断层方式来消减应力，以达到新的平衡。因此，断层解释贯穿了地震资料构造解释的始终。断层解释主要有以下几点主要意义：

（1）断层与正、负向构造有机搭配，反映了本区地腹构造展布格局、构造受力状况和构造间的接触关系，合理地解释断层有利于对局部构造、二级构造带或区域构造进行整体分析研究评价。

（2）断层特征在很大程度上能反应构造活动性质、构造运动时间、构造运动卷入的地层、应力场大小以及地层纵向的岩性组合特点。

（3）由于断层和裂缝发育程度有必然的内在联系，有助于储层的改造，因此可用于储层地震属性描述，有利于提高与裂缝有关的油气藏的地震预测精度。

（4）断层为双刃剑，一方面起遮挡作用，有利于油气富集；另一方面是破坏作用，使已富集的油气散失。因此，断层是否起到封堵作用至关重要。

在山地高陡复杂构造解释中，断层解释特别关键。构造的发育程度往往受到断层的控制，而且构造的发育过程中也会伴生断层。断裂即可沟通烃源，又可以联通裂缝为油气富集成藏提供运移通道。必须准确合理的精细解释断层，通过地质"戴帽"确定地表断层的断点位置、产状、断距大小等属性。通过相邻测线剖面特征对比，综合分析区内断层性质，确定断层空间组合关系，描述区内断层的空间展布规律，见图6-4。以北东—南西走向的①号断裂为界，可划分为逆冲推覆构造带和背冲背斜带。逆冲推覆带以逆冲推覆变形为主，地面出露泥盆系—基底地层，由北向南依次发育青川、北川—映秀以及马角坝等大型逆冲推覆断裂；背冲背斜带构造变形相对较弱，纵向分层特征明显，以发育背冲断层为主，主要发育背斜、断背斜以及断块构造。

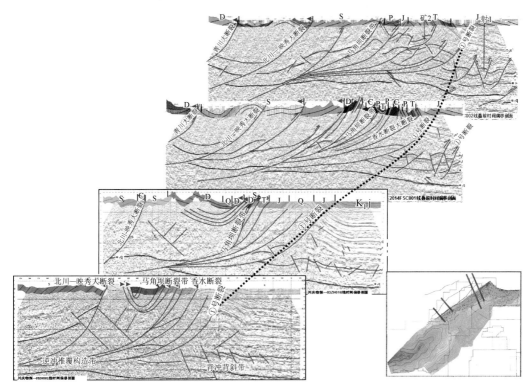

图6-4　川西北部①号断层剖面解释及剖面展布

断层在时间剖面上的响应特征较为明显，不同性质及规模的断层特点是不一样的，归纳起来，一般有如下几个共同的特点：较为连续光滑的地震反射同相轴数目增多或减少，波组、波系反射错断，地震反射同相轴产状发生变化，出现反射杂乱带或反射空白带，断面波、断拐绕射波等异常波的出现。特别是页岩气勘探开发中的小断层（落差小于30m），表现为同相轴分叉、合并、扭曲等现象，这对优质页岩的后期压裂改造至关重要。

相干体技术解释断层：三维相干体技术用来识别断层及裂缝为地震勘探的新方法和新技术，可以在相干切片上直观地认清断层和裂缝的分布情况，大大提高了断层解释的精度，见图6-5。

断层精细解释：通过等时切片的浏览，观察断点位置如何变化及平面展布情况，确定其空间的组合方式，同时还要结合垂直剖面综合考虑、互相对比，相互印证，准确落实断点的位置，进行断层的平面组合及空间闭合。

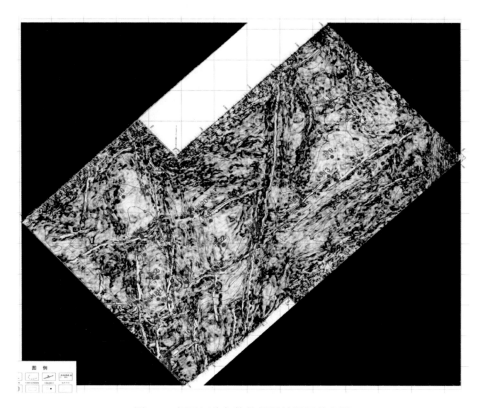

图 6-5　相干切片与构造解释的断层叠合图

　　三维可视化：通过浏览三维数据体的三维图形显示，可以简单直观的观察断层在三维空间的展布规律，通过断层的空间闭合确定断点的准确位置，进行断层的空间组合，见图 6-6。

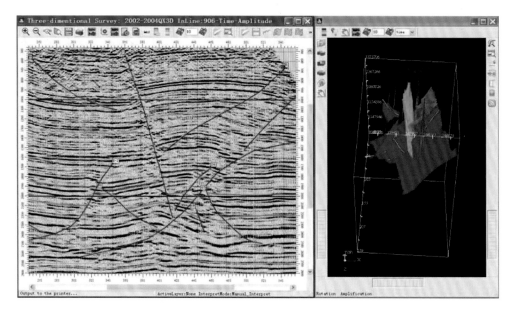

图 6-6　三维可视化断层解释

6.3.1 山地复杂构造精细解释流程

（1）断层解释：根据地震反射同相轴错动、扰动、能量变化等特征，结合地质"戴帽"结果，确定断层断点位置、产状、断距等属性。通过相邻测线剖面特征对比，综合分析区内断层性质，对区内断层进行分级。

（2）描述区内断层的展布情况，确定主控断裂与构造运动之间的关系，分析区内构造发展史，利用典型地震反射剖面编制区内构造演化剖面，根据区内构造运动期次分析断裂，并进行分级，描述断层的平面延伸情况及空间展布规律。

（3）根据断层的组合关系，编制构造等 T_0 图及等厚图，利用研究区及邻区钻井分析厚度变化趋势是否合理。

（4）结合邻区的钻井、测井资料，以主要目的层为控制速度层位，采用叠加速度、钻井资料与过井地震反射 T_0 时间反算速度相结合，参考区域速度变化趋势，建立各主要目的层的时深转换速度场，编制地震反射构造图，见图 6-7。

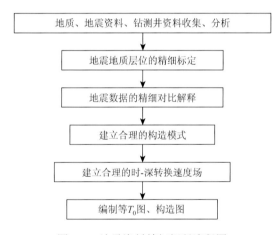

图 6-7 地震资料精细解释流程图

6.3.2 构造层的划分及主要反射层波组特征

山地高陡复杂构造的综合地质解释为反复认识提高的一个过程，其解释精度的高低主要看对区域地质、地层厚度、构造样式等资料的掌握程度。区域构造的发展演化及构造格局的变迁，决定了地震剖面上相应的波形特征及波组关系，受构造运动的影响。在地层沉积过程中，不同期次构造运动在地震反射剖面上的反映是有差异的：构造运动剧烈，沉积地层就会发生褶皱或断裂；反之，在构造运动较平静的阶段，沉积地层表现出产状变化较小的连续沉积。

如图 6-8 所示，根据四川盆地大量的钻井资料揭示，地震反射剖面及周边地面地质露头分布的地层、岩性组合、接触关系，结合主要构造运动及构造演化发展，将四川盆地划分为四个构造层系：

第一构造层：下白垩统天马山组底 K_1t ~ 上三叠统须家河组底界 T_3x^1（印支运动）；
第二构造层：上三叠统须家河组底界 T_3x^1 ~ 上二叠统龙潭组底 P_2l（东吴运动）；
第三构造层：上二叠统龙潭组底 P_2l ~ 志留纪末期 S_1l（加里东运动）；
第四构造层：下寒武统筇竹寺组底界 $\mathcal{E}_1q$（泛非运动亦称桐湾运动）。

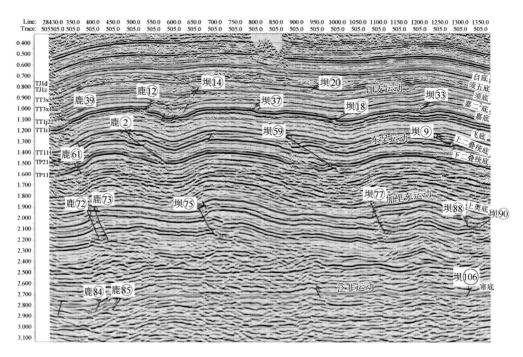

图 6-8　四川盆地主要构造层划分

6.3.3　山地复杂构造的形成机制

四川盆地构造发展史：

（1）萨拉伊尔期：早震旦世初期的吕梁运动（雪峰运动）使四川盆地中部地区上升为陆地，未接受震旦系地层的沉积。

晚震旦世初期的晋宁运动（澄江运动）发生大规模海侵，全盆地广泛接受了以上震旦统灯影灰岩为主的碳酸盐岩沉积，盆地内沉积较厚的地区是以宜宾至峨眉地区为中心的区域，厚度可达千米。灯影组地层受拉张槽的影响，盆地西南部地区沉积较薄，见图 6-9。震旦纪末期发生的桐湾运动，使四川盆地上震旦统暴露地表，遭受不同程度的风化剥蚀，钻井揭示其剥蚀程度相对较小，与上覆寒武系筇竹寺组地层呈微角度不整合接触。

（2）加里东期：寒武纪初期，发生了更大规模的海侵，四川盆地及其外围的广大区域均接受了寒武系沉积，川北和川西北的米仓山、大巴山、龙门山前缘和盆地东南部区块为厚度大于 1500m 的沉积中心。此时盆地进入下古生界发展的重要阶段。

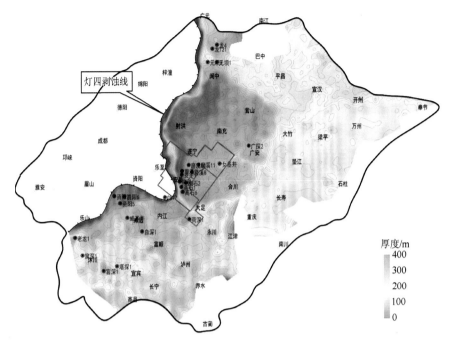

图 6-9　四川盆地灯影组厚度分布图

　　晚寒武世末的兴凯运动，使四川盆地局部地区的寒武系地层遭受风化剥蚀，与上覆奥陶系桐梓组呈平行不整合接触。晚奥陶世末的早加里东运动，使盆地雅安-龙女寺地区的奥陶系地层遭受剥蚀，与上覆志留系龙马溪组地层呈平行不整合或整合接触。早加里东运动结束，盆地沦为广海，接受志留系沉积，普遍沉积了厚逾千米的黄绿色页岩地层。

　　志留纪末期的加里东运动，使西缘外侧的龙门山地槽继续下沉，四川盆地内以乐山-龙女寺为中心的大部分地区上升为陆，志留系遭受不同程度的剥蚀，从川中广安向西沿龙女寺至乐山方向剥蚀程度加剧，志留系、奥陶系依次全部剥蚀，加里东古隆起的局部区域寒武系地层亦遭受到不同程度的剥蚀，见图 6-10。

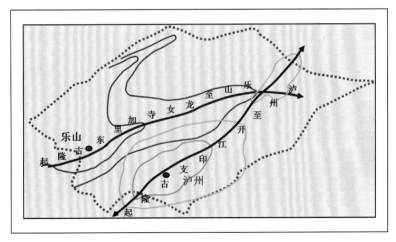

图 6-10　四川盆地加里东期、印支期古隆起略图

（3）海西期：海西运动早期，四川盆地继续暴露于海平面之上，未接受泥盆系沉积，而盆地西缘外侧龙门山地槽继续下陷，接受了巨厚的泥盆系沉积。早海西运动持续至中石炭世初期，致使全盆地缺失下石炭统地层。中石炭世中期盆地川东地区地壳下降，沉积了上石炭统黄龙组地层。中石炭世末发生了中海西运动（云南运动），地壳上升为陆，四川盆地部分中石炭统的地层被剥蚀。中海西运动延续至晚石炭世末期，四川盆地发生了广泛海侵，四川盆地及外围地区均接受了下二叠统碳酸盐岩地层的沉积。早二叠世末的晚海西运动，致使全盆地下二叠统暴露水面遭受不同程度的风化剥蚀，局部区块缺失茅四地层，风化壳的岩溶较为发育，见图 6-11。

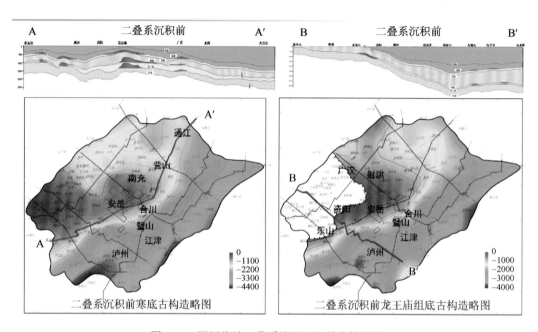

图 6-11　四川盆地二叠系地层沉积前古构造图

晚海西运动后期，以峨眉山为中心的局部区域和华蓥山的局部区域伴随有岩浆喷发活动，厚度极不均匀的玄武岩覆盖在下二叠统茅口组地层之上。晚海西运动使川北的梁平—开江—巴中—广元一带相对下陷，奠定了这一带晚二叠世准海槽的基础。在晚海西运动剥蚀面的基础上，全盆地广泛接受了上二叠统地层的沉积。通过对地震相及沉积相的研究表明：梁平—开江—巴中—广元一带的上二叠统地层，属于海槽相沉积，盆地其余广大地区均以台地相沉积为主。

（4）印支期：四川盆地接受了下三叠统—中三叠统海相碳酸盐岩地层的沉积，川北地区的梁平—开江—巴中—广元一带的上二叠世准海槽也在下三叠世逐渐萎缩，进入填平补齐的过程。

中三叠世末期的印支运动，使泸州—开江地区为中心暴露地表，形成了泸州—开江古隆起，中三叠统雷口坡组地层遭受不同程度的剥蚀，其剥蚀程度由西向东逐渐加剧，川西地区仅雷四段地层遭受部分剥蚀，甚至还残存有雷五段（如雷五段天井山灰岩），泸州—

开江古隆起的核部中三叠统地层剥蚀殆尽，甚至"嘉五段"的部分亚段地层遭受到不同程度的剥蚀，特别是泸州古隆起核部的区域，"须三底"直接覆盖在"嘉四"地层之上，"须三底界"反射即为"须底"侵蚀面。因此该界面冠名为"上三叠统须家河组底界"，见图6-12。

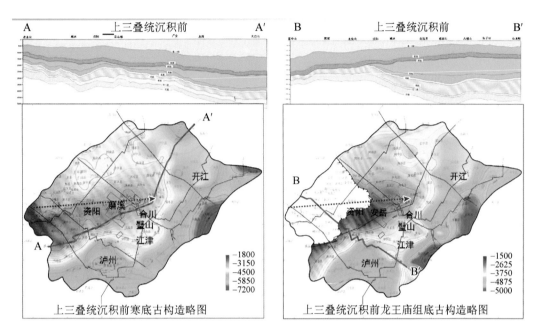

图6-12　四川盆地上三叠统须家河组沉积前古构造图

（5）燕山期：通过钻井、地震、地面地质调查资料表明，燕山运动主要表现在四川盆地西部，而中、东部都不甚明显。在此阶段盆地西部下陷速度较快，沉积厚度远比盆地其余地区大，最厚可达4000余米。燕山运动使四川盆地结束了湖盆沉积，进入了陆盆沉积发展阶段。燕山运动第Ⅲ幕导致侏罗系地层遭受不同程度的剥蚀，川西的部分地区甚至已剥蚀到中侏罗统。此次运动延续至早白垩世，致使川西的部分地区未接受下白垩统沉积，见图6-13。

早白垩世末的中燕山运动（Ⅳ）使川西地区仅存的下白垩统遭受不同程度的剥蚀。白垩纪末期，发生了晚燕山运动（Ⅴ，又称四川运动），地壳的强烈抬升使白垩系乃至侏罗系都遭到不同程度的剥蚀，盆地内部地层发生不同程度的构造形变。同时，盆地周边也发生了强烈的抬升，褶皱造山，形成了地理上所谓的四川盆地雏形。

（6）喜马拉雅期：在四川盆地，从白垩纪末期的晚燕山运动开始到新近纪末，盆地和盆周山脉持续处于抬升状态，全盆地几乎未接受上、下第三系沉积，仅在盆地西缘局部残存。

古近纪末的早喜马拉雅运动（喜山一幕）也因此无法在盆地内得到印证。

新近纪末的喜马拉雅运动（喜山二幕）是以地层褶皱为主的强烈构造活动，该次运动决定了现今四川盆地地貌特征和局部构造的大致轮廓，见图6-14。

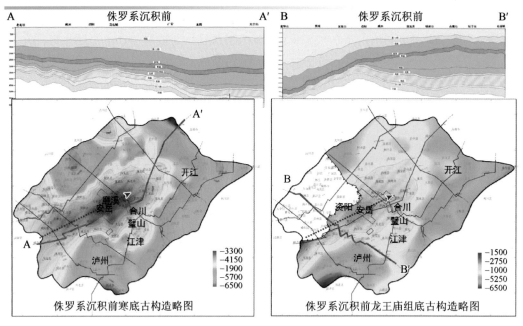

图 6-13 四川盆地侏罗系地层沉积前古构造图

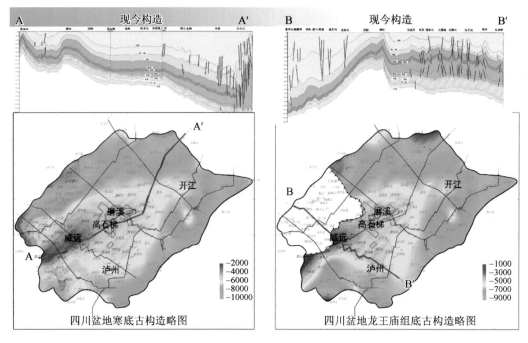

图 6-14 四川盆地现今构造略图

6.3.4 山地高陡复杂构造解释的陷阱

地震资料构解释工作涉及的知识面较宽，一般应具备地质、物探、测井、计算机等专业知识，特别是应具备地质和物探方面的知识。然而大多数从事地震资料解释的技术人员所学知识都较单一，多专业知识融合的复合型专业人才较少，这是制约解释技术发展的重要因素。

1. 山地高陡复杂构造解释方案的多解性

由于解释人员知识面的宽窄、工作经验（见多识广）积累的多少、认识水平的高低、性格的差别可能导致对相同地震资料的分析深度存在差异，但是总体构造格局大致相似，解释方案的正确性需要解释人员集思广益，才能获得与地腹地质结构更为接近符合地质规律的解释方案，以提高钻探开发的成功率。

山地高陡复杂构造解释为一门难度较大、综合性较强的专业技术，只有严格按照地质任务要求和地震勘探技术规程来解释，才能获得与地腹构造接近的地质成果。当然，地震资料解释是一个反复认识的过程，随着钻井成果的增加，解释的认识也会不断地升华，严格按照地质规律进行构造精细解释、对储层进行综合预测研究，取得的地质成果才有可能直接应用于油气勘探开发中。

地震资料精细解释应该做到：

（1）解释项目组成员必须随时进行技术交流，邀请有丰富解释经验的专家对解释方案进行分析讨论，形成共识，制定出符合地质规律的解释方案。

（2）消化吸收地质、钻井、测井、试油、物探、化探及石油地质综合研究成果，以严谨的科学态度来进行资料解释工作，使用最新的钻井、测井及试油成果不断地修正、完善地震地质成果。

2. 重视特殊地质现象

地震资料解释区域性很强，不同的区域、构造存在明显的差异，如何认识研究区的特殊地质现象或特殊地质规律显得尤为重要。

地壳在构造活动中，由于受应力场性质、应力大小、应力方向、应力组系、应力持续时间长短、遭遇构造活动期次、边界条件、基底条件、岩层性质、岩层埋藏深度等因素影响，地层的褶皱形变千变万化，形成形态各异的地质体和地质界面。

现今构造为多期构造运动的复合产物，涵盖众多的地质现象，如：挤压、推覆、倒转、拉张、走滑、地层有剥蚀、尖灭、超幅、削蚀、砂体、介壳灰岩、鲕滩、礁滩、优质页岩、生物礁、岩溶等，这些特殊地质现象的地震响应特征存在明显的差异，正是这些特殊地质现象的特殊地震响应特征的不同，要求地震资料解释人员应深入掌握研究区的特殊地质规律，才能做出高质量的地质成果。

3. 重视层位及储层的标定

VSP测井资料及制作合成地震记录对地质界面及储层位置标定是最重要的基础工作。在实际地震资料解释过程中，由于层位标定的不确定性，可能造成对比解释方案的多解性，特别是断层的开法一定要符合地质规律，要分析构造的形成机制，主应力方向，结合构造运动对断层进行分级。

（1）反射系数提取以及子波选择十分关键，需要对地震反射剖面进行反复的比对，才能保证合成地震记录的质量，进而精确地标定地质层位及储层的准确位置。

（2）利用多种方法进行层位标定时，首先应确定以哪一种标定方法为主，然后用其余标定方法进行验证。在探井和开发井较多的区域，选择最新的具有代表性的钻井、测井解释对层位及储层进行精细标定，其余井作为验证井，相邻井太近时通常用新井、测井曲线较完整的井。

（3）构造模式的建立，通过对区内及邻区的已知钻井、测井、地面地质、地震反射剖面等资料进行综合分析，了解区域构造活动的期次、性质、强度、古地貌、古构造形迹、构造演化发展史。分析它们在地震剖面上的响应特征，建立符合地质规律的构造样式，指导该区块的地震资料精细解释，便于对研究区构造圈闭进行描述及油气评价。

4. 三维可视化技术在构造及储层预测中的应用

在突飞猛进的山地地震资料解释中，三维可视化新技术已得到广泛的应用。通过立体方式直观展现三维地震数据体的特征及细节变化，对地腹各种地质现象的三维空间形态进行描述，利用三维属性体（相干、振幅、频率、曲率等）提取技术，帮助解释人员对断层进行合理地解释及空间闭合，大大提高了构造解释精度。针对目标地质体，利用虚拟现实、托空、雕刻等新技术进行精细刻画，立体显示其空间展布规律。三维可视化解释步骤为：①对三维数据（属性）体进行三维浏览，观察地质体的空间大致展布情况；②优选地质目标（三维）区块，确定三维研究范围；③对地质目标进行透明化显示，划分地震相；④根据钻井、测井解释成果标定，绘制沉积相图。

5. 物探与地质紧密结合

地震资料综合地质解释，要求物探与地质紧密结合，通过建立各类复杂的地质模型进行正演分析，积累地质解释知识，包括构造形成机制分析、受力状况、主应力方向、构造演化分析、断裂组系级次的划分，充分运用地质理论解释地震反射剖面上的各种地质现象，取得的地质成果才能符合地质规律。

6. 速度场建立

利用研究区及邻区的钻井、测井资料，采用成熟的变速成图技术，以主要目的层为控制层位，参考叠加速度的趋势，利用 VSP 测井速度与地震反算速度相结合，同时参考区域地层的厚度及速度的变化趋势，建立适合研究区特点的速度场，而速度场构建是否符合地质规律，直接关系到地震反射构造图和埋深图的精度。

7. 构造解释应遵循的原则

（1）解释项目组成员应当具备实事求是、勤于思考的素质，善于总结解释工作中的成绩与不足，随时积累物探、地质、测井等方面的知识，使自己的解释水平得到不断升华。

（2）项目组成员应当随时与同行进行技术交流，特别是与成果使用者（甲方）进行交流沟通，使取得的地质成果更具有科学性。解释人员必须不断地探索新技术和新方法，认真学习测井、钻井（地质导向）、试油、压裂、酸化、开发等多学科多领域的技术。

（3）在山地高陡复杂构造地震资料精细解释过程中，必须严格按照地震勘探技术规程要求进行综合地质解释，客观地解释地腹地质现象，不断地探索新方法和新技术，把地震资料解释成果转化为综合地质成果，为油气勘探开发提供有价值的参考资料。

6.3.5　山地高陡复杂构造圈闭识别

1. 构造地层复合圈闭

四川盆地石炭系地层、构造复合圈闭，位于川东南中隆高陡构造区华蓥山以东，七曜山以西，大巴山以南的区域，面积约 $5.5\times10^4km^2$，见图 6-15。

发现阶段：1978～1983 年通过 5 条地震反射剖面及大量钻井资料综合研究，发现石炭系黄龙组气藏，对其沉积相有了基本认识；

勘探突破阶段：1984～1990 年，综合地质研究、数字地震处理、储层预测及侧钻中靶技术，攻克了勘探难题，提高了勘探成效；

深化勘探阶段：1990～2008 年，高陡构造解剖的圈闭预测技术、地震-地质综合预测厚度分布技术等，储层评价、圈闭评价和气藏描述技术，大大提高了勘探的效率；

石炭系挖潜阶段：2009～2016 年，高陡构造精细解释、薄储层预测技术和低渗区寻找相对高产技术，开展地震、地质、钻井综合研究，有效开采石炭系剩余储量。

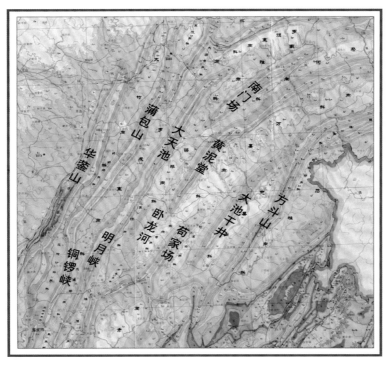

图 6-15　川东地区构造纲要图

四川盆地利用格架测线编制的下二叠统底界构造图及石炭系厚度图,落实了川东地区石炭系构造及石炭系地层厚度的展布情况。进一步查明地层、构造复合圈闭 52 个，获工业性气井 302 口，见图 6-16，（a）图为下二叠统底界地震反射构造图，（b）图为石炭系厚度分布图。

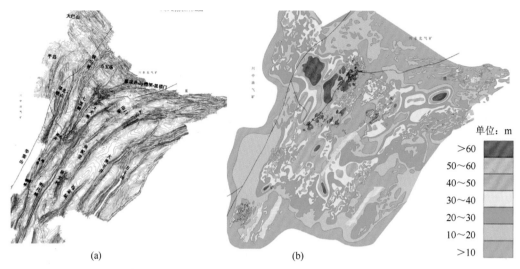

(a)　　　　　　　　　　　　(b)

图 6-16　四川盆地川东地区构造、石炭系地层厚度分布图

2. 断裂系统对油气藏的重要控制作用

五十年代末，四川盆地川南地区钻井揭示茅口组断上盘发现阳新统气藏，已累计产气 $31.56 \times 10^8 \mathrm{m}^3$，见图 6-17。

图 6-17　蜀南地区气田及含气构造分布图

前人研究成果表明：四川盆地蜀南地区阳新统气藏主要为裂缝性气藏，断裂系统对气藏起到了重要的控制作用，特别是烃源断层对气藏的产能作出了重大贡献。如图 6-18 所

示，包㊼号断层上盘的包 11、包 21、包 3、15、包 38、包 42 井为同一裂缝系统，包㊾号断层上盘的包 30、包 33、包 46、包 16、包 45 井为另一个裂缝系统。

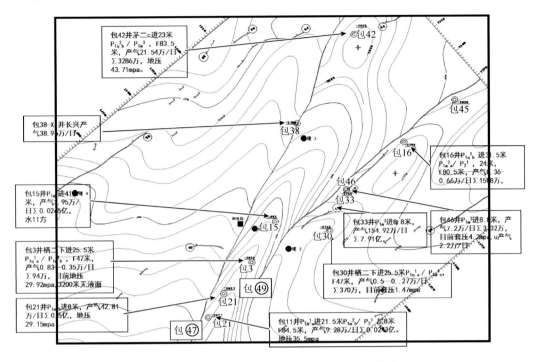

图 6-18　河包场构造裂缝系统对产能的控制作用

6.4　山地复杂构造断层分类

6.4.1　断层简单分类

1. 根据断层两盘相互关系分类

四川盆地根据断层两盘相互关系，可分为：正断层、左旋正断层、右旋正断层、左旋走滑断层；逆断层、左旋逆断层、右旋、右旋走滑断层。见图 6-19。

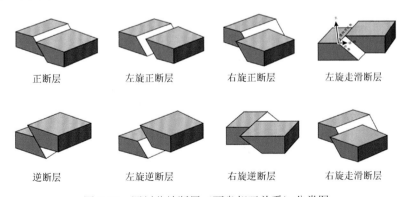

图 6-19　四川盆地断层（两盘相互关系）分类图

2. 根据断面倾角分类

逆冲断层：断面倾角大于 45°的高角度的逆断层，见图 6-20（a）。

逆掩断层：断面倾角为 20°～45°的逆断层，上下盘逆掩范围较宽，见图 6-20（b）。

推覆断层：上盘推覆体往上逆冲，覆盖在下盘地层之上，推覆范围宽，断层形态呈"L"形，见图 6-20（c）。

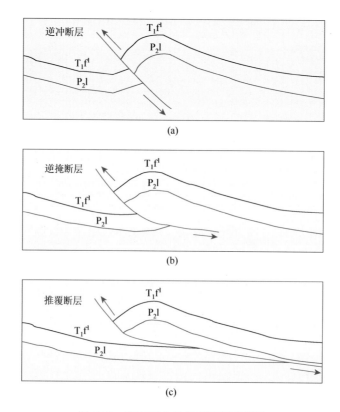

图 6-20　断面倾角及叠掩程度示意图

3. 按断裂的形成时期划分

根据断裂形成时期，将断层分为现今断层、古断层和古今复合断层，见图 6-21。

（1）现今断层：最近一次构造运动后，地层变形后形成的断层和褶皱，称为现今断层和现今褶皱。喜山运动强烈挤压褶皱决定了四川盆地现今构造的大致轮廓，现今断层尤为发育。

（2）古断层：发育在区域侵蚀面之下，断层上下盘地层的残留厚度差别较大，断层两盘同一层位到侵蚀面之间的时差很大（增大或减小）。

（3）古今复合断层：地史时期形成的古断层，经历多期构造运动在最后一期（构造定形）构造运动改造的断层。古今复合断层一般发育在区域侵蚀面之上下，断层两侧侵蚀面下地层厚度长距离不恢复，一般断距较大。

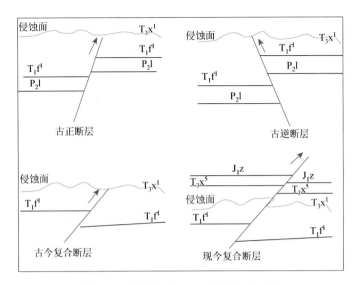

图 6-21　根据断层形成时期分类示意图

6.4.2　沉积盖层断层和基底断层

（1）沉积盖层断层：不断开基底而仅断开沉积盖层，基底未被卷入，在基底上滑脱变形，见图 6-22。

（2）基底断层：沉积盖层断层切入基底，或基底发生断裂切穿并深入到沉积盖层的断层。基底岩石已卷入褶皱，控制了沉积盖层的构造形态及断裂的展布格局。

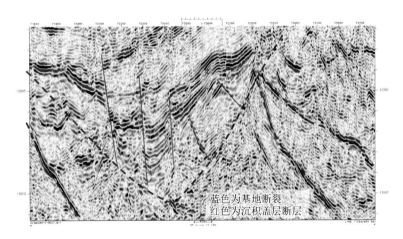

图 6-22　沉积盖层断层和基底断层

6.4.3　断裂对构造的控制作用

根据构造运动期次、断裂的展布情况以及对构造单元的控制程度，可以将断裂划分为不同的级次，见图 6-23。

　　Ⅰ级断裂——区域断裂：区域构造分区的边界断裂，延伸长度可达数百千米。例如四川盆地西部边界的彭灌大断裂，盆地北部的青川大断裂、北川—映秀大断裂、马角坝断裂，见图 6-23。

　　Ⅱ级断裂——主控断裂：控制构造带的展布情况，延伸长度为整个构造带。川西的龙泉山断层，断距可达上千米，如图 6-23 中的①号断裂。

　　Ⅲ级断裂——单元断裂：次级断裂，与造带展布或对局部构造的发育有制约关系的断裂，如图 6-23 中的⑩号断裂。

　　Ⅳ级断裂——局部断裂：控制局部构造形态展布和圈闭规模的断裂，断距可达数百米，如图 6-23 中①～⑩号断裂之间的断裂。

　　Ⅴ级断裂——小断裂：发育在局部构造和圈闭内，沟通裂缝的作用，落差较小。

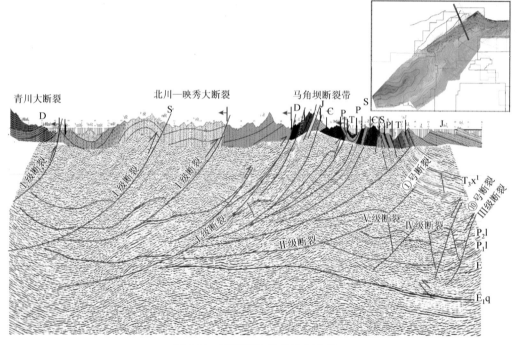

图 6-23　断裂对构造的控制作用

6.4.4　断裂的形态及组合特征

　　根据剖面上断层的几何形态进行简单分类。

1. 简单断层的剖面形态

1）简单的直线及曲线型断层剖面形态

　　直线型断层：即浅中深地层的断层面在剖面上呈平直状，受力相对简单，多为小型断层。

　　曲线型断层：浅、中、深地层的断层面在剖面上呈曲线形态展布，断面产状（倾向、倾角）在浅、中、深层的变化较大，断层受力相对复杂，多为大中型断层，见图 6-24。

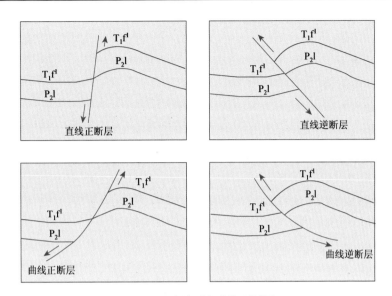

图 6-24　直线型和曲线型断层

2）"S"与"Z"型断层的剖面特征

"S"及"Z"型断层共同点是断面倾角呈上缓中陡下缓的形态，只是两者断面产状相反，见图 6-25。

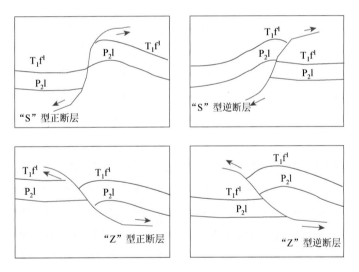

图 6-25　"S"及"Z"型断层示意图

3）"L"与"Γ"型断层剖面特征

"L"型断层：地震反射剖面上的断面表现为"上陡下缓"的形态，往深部逐渐变为近于水平的滑脱面；"L"形滑脱面通常消失在柔性地层之中。俗称"铲式断层"，见图 6-26。

"Γ"型断层：在地震反射剖面上断面产状表现为上缓下陡，断面倾角往深部逐渐变陡。与"L"型断层形态相反。

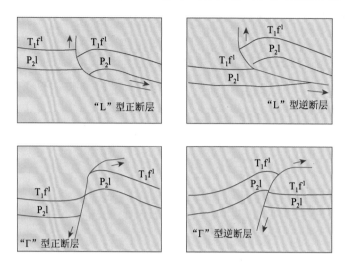

图 6-26　"L"及"Γ"型断层示意图

4）阶梯状断层剖面形态

坡坪式（台阶状）逆冲断层分别由断坡和断坪构成。断坡的断面与地层间夹角相对较大，断坪断面与地层间夹角相对较小。为断层相关褶皱理论模式的典型断层复合形态，单个的形态断层，可以组合成千姿百态的复合断层形态，见图 6-27。

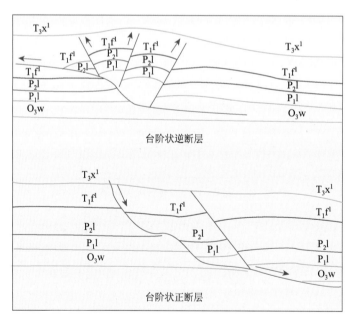

图 6-27　台阶状（正、逆）断层

2. 断裂在剖面上的展布特征

1）"Y"字型和"λ"字型断层特征

"Y"字型断层：通常为一条主控断层与另一条倾向相反的反冲断层组合而成，反冲断层位于正向断层上盘，两条断层之间形成"倒三角形"地层结构，见图6-28。

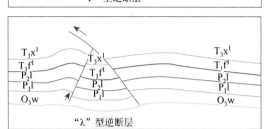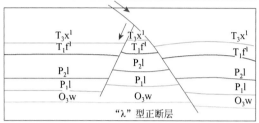

图 6-28 "Y"字型及"λ"字型断层示意图

"λ"字型断层：先期断裂与后期倾向相反的主控断裂之间形成"三角形"剖面形态，见图6-28。

2）对冲、背冲断层的特征

对冲断层为两条倾向相对的直线形断层组合形成"地垒式"断高，背冲断层为两条倾向相反的直线形断层组合形成"地堑式"构造形态，见图6-29。

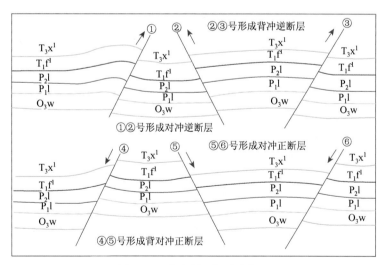

图 6-29 背冲断层与对冲断层

3）叠瓦状断层组合的剖面形态

山地复杂构造地震资料解释中，多个逆掩断层近于平行，构成叠瓦状断层，彼此不相关联。向下收敛成一条断层，称为滑脱主断层，见图6-30。

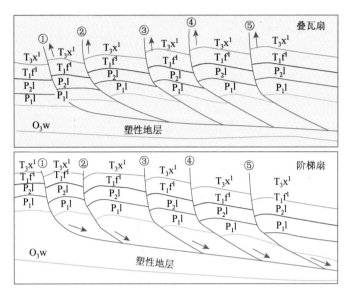

图 6-30　叠瓦状逆断层及阶梯状正断层

4）花状断层及"X"型断层的剖面形态

受深层断层两盘的走滑和平移影响，形成浅层树枝断层，或花状断层，见图 6-31。受两组作用力，形成两组剪切力，在剖面上形成"X"型断层，见图 6-32。

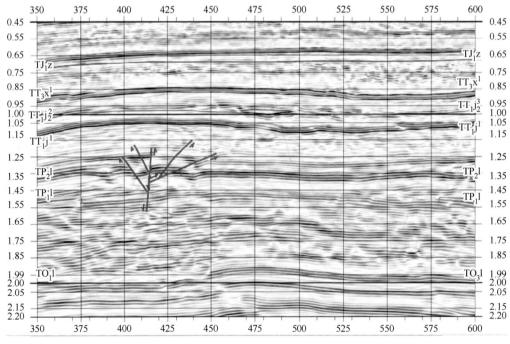

正花状断层

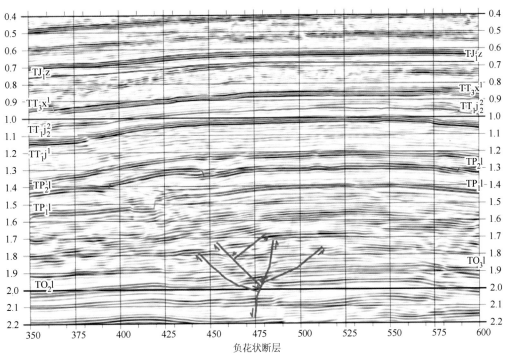

图 6-31　花状断层剖面形态

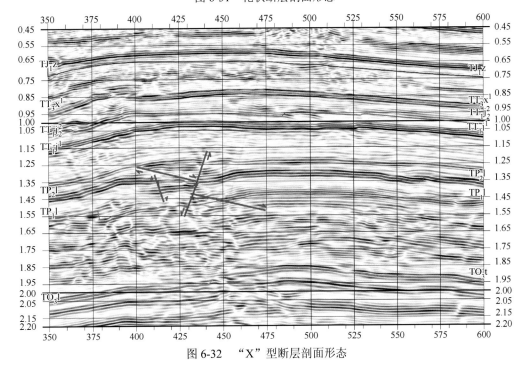

图 6-32　"X"型断层剖面形态

5）断块复杂组合的剖面形态

在前陆盆地逆冲断褶带，断层与断块（断片）组合以及断层与褶曲组合结构千姿百态，见图 6-33。

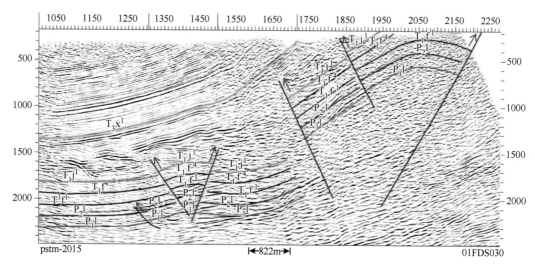

图 6-33　断块的复杂结构剖面形态

3. 根据断层发育的构造部位进行断层命名

1）正向、反向断层的特征

正向断层：与区域构造应力方向相同的区域大断层或控制构造格局的主控断层。

反向断层：与区域应力方向相反，与主要断层倾向相反的次一级断层（逆冲断褶区），见图 6-34。

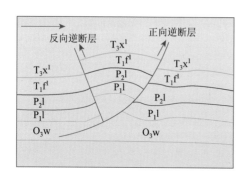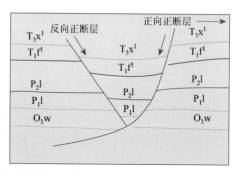

图 6-34　主控断层发育的构造部位

2）陡翼、缓翼及切轴断层基本概念

陡翼断层：位于背斜陡翼的断层称为陡翼断层；

缓翼断层：位于背斜缓翼的断层称为缓翼断层；

切轴断层：剖面上，以剖面背斜轴部为参考，断层从浅层背斜一翼下穿到深层背斜的另一翼，称为切轴断层。

3）顺坡及倾轴断层特征

通常将四川盆地中断面与背斜翼部倾向相同的断层称为顺坡断层，反之为倾轴断层。

4）地面断层、潜伏断层及顺层断层

地面断层：指断层出露地表，可通过地面地质调查识别和观测，见图 6-35。

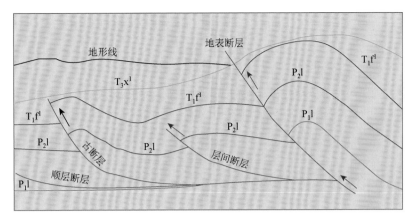

图 6-35 地面、层间、顺层、古断层示意图

潜伏断层（隐伏断层）：通过地球物理勘探方法及钻井发现的地腹断层，向上未断至地表。潜伏断层可分古断层和层间内部断层，指断层在某个构造层内部地层中发生断裂或消失。

顺层断层：断层面与层面平行或基本平行，一般位于塑性层（盐岩、泥岩）内部，因此顺层断层又称滑脱断层。顺层断层也可能位于两层之间。

5）断层与构造展布之间的关系

中国西部多为挤压性构造，在油气田勘探开发过程中，将构造图上断层与背斜轴线（或地层走向）之间的相互关系进行分类。

走向断层：断层走向平行或基本平行于背斜构造轴向，或断层走向平行或基本平行地层走向，见图 6-36。

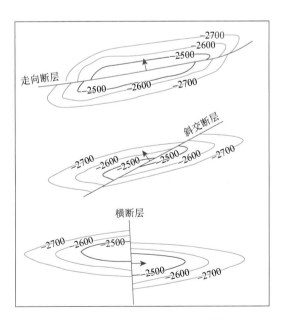

图 6-36 断层与构造轴线的相对关系

倾向断层（横断层）：断层走向垂直或基本垂直褶皱轴向。四川盆地称为横断层。

斜交断层（斜向断层）：断层走向与构造走向之间存在一定交角；或断层走向与地层走向斜交。

6.4.5　断层控制褶皱

1．断层基本构造模式

逆冲断层在逆冲发生位移的过程中，受断面产状的约束，使断层两盘岩层发生褶皱形变，形成逆断层相关褶皱。

1）逆冲断弯褶皱

断层上盘的断坡逆冲到断坪之上，产生褶皱形变形成断弯褶皱。通常情况下，岩层原始产状是近于水平状态，受水平挤压力，逆断层因岩层的能干性不同而表现出不同的断面倾角。逆冲断层切割强硬的能干岩层时，断层面切割角度相对较大，断层面倾角可以达到40°～60°；当软硬地层（灰岩和膏盐、砂岩和泥岩）相间时，容易发育逆冲断层，由断坡和断坪构成的逆冲断层称为"坡坪式逆冲断层"，见图6-37。

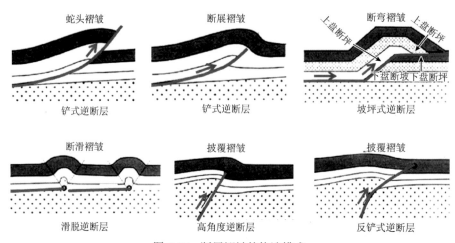

图 6-37　断层褶皱的构造模式

断层上盘断块沿非平面状断面滑动时，产生弯曲形成的复合褶皱称为传播褶皱。传播褶皱分别与上、下盘的断坡、断坪密切相关。

2）逆冲断层蛇头褶皱

铲式逆冲断层的上盘岩层发生牵引形成拱形褶皱，逆冲位移是沿铲式逆冲断层面不均匀地上升，导致其上盘发生挠曲变形，形成一个不完整的转折端，呈浑圆状的蛇头背斜构造。

3）断展褶皱

逆冲断层在地层中消失，随着断层的位移逐步减小，其上盘的地层产生褶皱形变，称之为断展褶皱。

4）断滑褶皱

位于硬岩层之下的塑性地层之中，由于断层滑动而形成的褶皱。通常发育在滑脱层之上，只有断坪没有断坡，在层间滑动至背斜的前缘被遮挡的褶皱称之为断滑褶皱。

5）披覆构造

在隔槽式构造样式中，高角度逆冲断层或反铲式逆冲断层上盘发育的背斜较为宽缓，而下盘的背斜十分狭窄，统称为披覆构造。

2. 断层与构造组合

在同一期地质应力场作用下产生的断层，断层比较有规律地排列组合形成断层相关褶皱组合。

1）逆冲叠瓦状构造

由两条或两条以上同倾向的铲式逆冲断层往深层收敛为一条断层，形成逆冲叠瓦状构造。其逆冲断层的展布形式较多。

扩展式叠瓦状构造特征：铲式叠瓦状构造在断层下盘发育或向前扩展而形成扩展式叠瓦状构造。见图6-38，箭头方向为扩展方向。

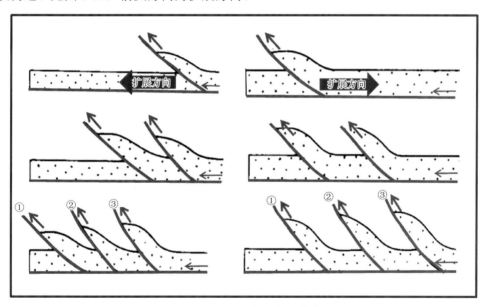

图6-38　叠瓦状断层扩展模式

6.4.6　褶皱伴生断层

构造应力对褶皱持续作用形成断层，可表述为"先褶后断"；也存在褶皱与断层同时产生的构造。

1. 褶皱形成时发育的逆断层

受水平挤压应力的长期作用，脆性岩层形成褶皱后继续受力，产生破裂形成逆断层。挤压逆断层与剪切逆断层的不同之处，在于挤压逆断层形成过程中，有时褶皱翼部岩层存在减薄现象。下二叠统底界的鹿③、鹿④号断层为鹿角场构造形成时产生的断裂，见图6-39。

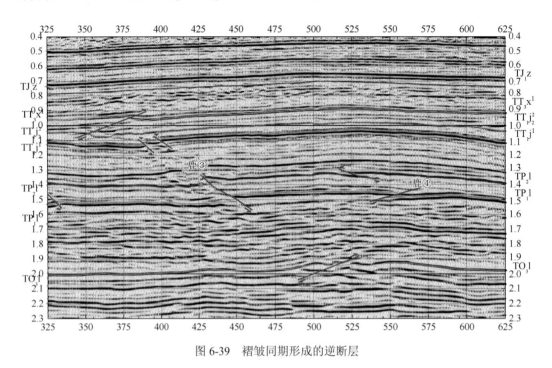

图 6-39　褶皱同期形成的逆断层

2. 褶皱演化发展中伴生的逆掩断层

在盆地周边，由于单侧水平挤压力不间断作用，导致断层上盘地层发生倒转。倒转翼在变形过程中逐渐拉薄，沿 X 剪裂面断开形成逆断层。这种成因的断层常见于造山带边缘强烈不对称褶皱的地带，或强烈挤压的局部高陡复杂构造。坝⑨号断层为构造演化发展过程中伴生的断层，见图6-40。

6.4.7　正断层模式

1. 平面式正断层

平面式正断层的断面较为平直，断层两盘沿断面以直线形上下滑动。断层形成过程中的位移可以直移或旋转方式，见图6-41。

2. 铲式正断层

在地震反射剖面上，铲式断层表现为"L"形，其断面下缓上陡，往深部渐变为近于水平的断层消失于滑脱面之上的柔性地层之中，为拉张断陷盆地的重要断层类型，见图6-42。

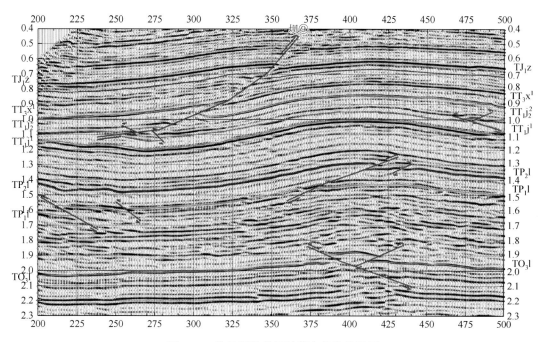

图 6-40 构造演化发展过程中伴生的断层

图 6-41 地表平面正断层

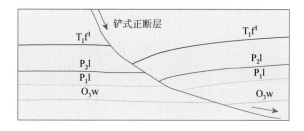

图 6-42 铲式正断层

3. 坡坪式正断层

将前陆盆地的转折褶皱中形成的断层，引入到拉张断陷盆地中，分析认为，发育在大型背斜或断鼻的倾没端部位，或者位于拉张沉降速率大的斜坡部位发育的正断层，称为坡坪式断层，见图 6-43。

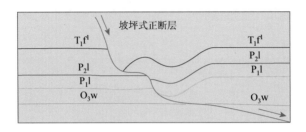

图 6-43　坡坪正断层

一般抬斜断块是指基底卷入的形成区域——"盆岭"结构的断块体。因为每个抬斜断块的断槽往往为生油中心，而块体的各个部位又有不同类型的圈闭配置和不同类型的储集体。

4. 断陷盆地——地堑与半地堑

在拉张应力作用下，大型控盆边界正断层，对沉积断陷盆地具有重要的控制作用。由于其动力学及运动学特征的差异，形成断陷盆地的构造样式千姿百态，见图 6-44。

1）复合地堑构造

平面式正断层往往为共轭，其公共上盘相对下降而形成断陷构造，为地堑构造。以对称的正断层为边界断层，之间形成多个地堑在空间上平行排列构成"复合地堑"，如向心式复合地堑，见图 6-44（a）、（b）。

2）多米诺式复合半地堑构造

平面旋转式正断层通常为多组发育，其产状特征十分相似，其上盘下降形成控制边界的断陷构造。多个类似的断陷构造形成"多米诺式复合半地堑"，见图 6-44（c）。

3）铲式复合半地堑

半地堑或非对称性地堑内部地层受控于边界断层发生变形，形成"铲式复合半地堑"，见图 6-44（d）。

4）铲式正断层上盘的形变特征

（1）铲式正断层：上盘会因为断层位移而发生变形并发育次级断层。铲式正断层控制的半地堑断陷中有两个特定的构造部位常发生调节性次级正断层，形成有规律的正断层组合。其一，主干正断层紧邻两盘断块进一步破裂，发育一系列与主干铲式正断层同向和反向的铲式正断层和旋转排列式正断层，与主干铲式正断层连锁在一起形成"铲式扇"，见图 6-45。

随着伸张构造的递进变形，半地堑构造上发育"V"型"X"正断层递进向主干铲式正断层方向发育视迁移，而早期形成的调节性次级断层组出现在构造斜坡边缘，后续形成的正断层组发育在更靠近断陷的内侧。

（2）滚动背斜：主干铲式正断层上盘岩层受断层几何形体约束发育"滚动背斜"构造，这也是断层相关褶皱的一种类型。实际上，铲式正断层的半地堑，即上盘断块的滚动在背斜翼部产生的。

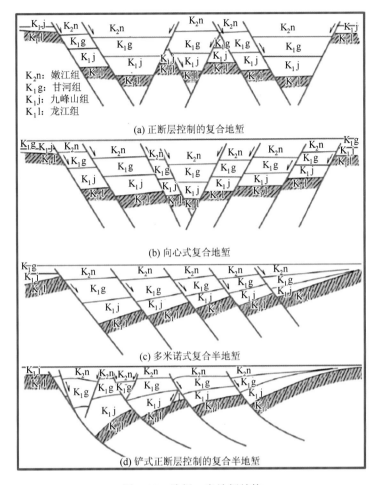

图 6-44　地堑、半地堑结构

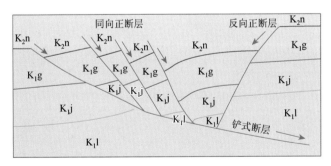

图 6-45　铲式扇结构特征

5. 山地高陡复杂构造变形特征

　　山地高陡复杂构造受多期次地质应力的复合作用，为了达到平衡，地层一方面以褶皱的方式消减应力、另一方面则以发生断层方式来消减应力，以达到新的平衡。因此，断层解释贯穿了地震资料构造解释的始终。构造的发育往往受到断层的控制，而且构造演化发展过程中也会不断地伴生新的断层。与地质"戴帽"结合，确定断层断点位置、产状、断距大小等属性。通过相邻测线剖面特征对比，综合分析区内断层性质，确定断层空间组合关系，描述区内断层的空间展布规律。

山地高陡复杂构造之所以"复杂"，是因为断层将连续简单地层切割、错断为若干块体，断层上下盘叠置和分离，断层与断块、断层与背斜、断层与向斜组合成各式各样的构造几何形态。对复杂构造的断层及空间组合认识，始终贯穿于山地高陡复杂构造精细解释全过程。

（1）断层与正、负向构造有机搭配，共同反映了构造展布格局、构造受力状况和构造间的接触关系。合理地解释断层有利于对局部构造、二级构造带或区域构造进行整体分析研究。

（2）断层的展布特征在很大程度上能反应构造活动性质、构造运动时间、构造运动卷入的深度、应力场大小以及地层纵向的岩性组合特点，有利于对构造活动和构造发展、沉积相进行研究，有利于划分含油气有利区带及油气资源评价。

（3）由于断层和裂缝发育程度有必然的内在联系，有助于储层的改造，因此可用于储层地震属性描述，有利于提高与裂缝有关的油气藏的地震预测精度。

6.4.8　山地高陡复杂构造断层解释

（1）在叠前时间偏移剖面上解释断层，主要根据以下几方面进行断层解释：地震反射同相轴的数目突然增加或减少，甚至消失、同相轴分叉、合并、扭曲、扰动、能量变化、产状发生突变；波组发生错动；出现断面波等地质现象。

（2）相干体技术解释断层。三维相干体技术用来识别断层及裂缝是地震勘探的新方法和新技术，可以在相干切片上直观地认清断层和裂缝的分布情况，大大提高了解释精度，见图 6-46。做断层的精细解释时，通过不同的方向观察断层的空间变化情况，对解释的断层进行空间闭合，见图 6-47。

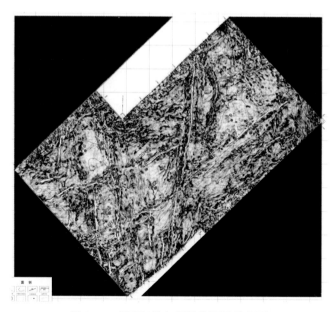

图 6-46　相干切片与解释的断层叠合图

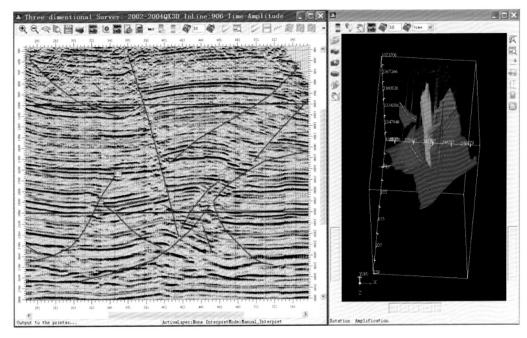

图 6-47　三维可视化断层解释

　　复杂构造的断层形态及其命名，因地质学家观点认识和著书立说意图不同，有许多不同观点和学派，即使同一条断层也有不同命名。从生产实际出发，参考国内油气田解释人员常用断层形态描述的习惯，对在复杂构造解释中常遇到的断层，进行一般性分类，以及断层形态进行描述。描述顺序为①断层性质，②发育构造部位，③断层走向，④断面倾向，⑤断面倾角范围，⑥落差范围，⑦向上断开层位消失于什么地层之中，⑧向下断开层位消失于什么地层之中，⑨区内断层长度，⑩有多少条地震测线控制。

6.5　成果平面图的绘制

　　成果图件的编制，其构造成图方法主要为变速成图法，其成图过程如下：

　　（1）在叠前时间偏移数据体上解释主要目的层 T_0 层位，编制时间域主要目的层等 T_0 图。

　　（2）将原始叠加速度插值成三维叠加速度数据体，利用 Dix 公式和适当的平滑参数将叠加速度体换算成平均速度体，作为区内的速度变化趋势。

　　（3）将解释好的各反射层 T_0 值直接从三维平均速度中提取得到各反射界面的平均速度。

　　（4）根据钻井、测井资料、VSP 速度测井、地震速度测井资料，结合区域地层厚度变化情况，按照叠加速度的变化趋势，适当增加速度控制点，编辑 Landmark 解释系统 TDQ 模块的 avf 文件，进行时深转换。

　　（5）构造图的编制网格为 500m×500m，搜索半径为 6000m，比例尺 1∶50000，山地高陡复杂构造等高线距采用 100m。解释系统成图模块所编绘的构造图在断层附近存在等值线不协调、不圆滑、裙边状摆动、构造关系不清楚等现象，特别是没有地震测线控制的地方，通过插值外推出一些不可靠的高、低点，对边界进行外推等值线时无规律可循。

需要对机器成图出现的不符合地质规律现象进行人工编辑修改,对于断层逆掩部分较宽的部位,必须分上、下盘单独成图进行拼接,然后采用矢量化绘图系统清绘成工业化图件。

6.5.1　山地复杂构造时深转换

1. 平均速度特征

时-深转换使用的平均速度为最重要的参数,通常使用 LandMark 解释系统的 TDQ 模块,根据解释的层位数据,提取各主要目的层的平均速度,这些速度反映了随 T_0 值及平面位置不同的变化趋势,见图 6-48。

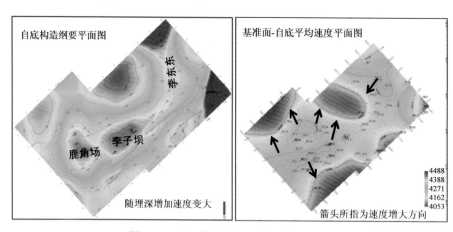

图 6-48　时深转换选择平均速度的原则

（1）根据地震反射等 T_0 图上的高低关系,在平面上确定平均速度时,严格按照由构造高部位往构造低部位方向,平均速度逐渐增大的原则;

（2）在剖面上确定平均速度时,必须遵循随地震反射 T_0 值增加（深度加深）,平均速度逐渐增大的规律。

2. 平均速度分析与校正

将研究区内所有的完钻井全部参与构建速度场,采用区内的钻井深度与过井地震道反射（T_0）值反算的速度,结合区域地层厚度变化情况,建立基准面至第一个做图层的变速成图速度模型,下伏各层均采用各井的层速度建模。

在研究区周边速度控制点较稀的地方,为了更加合理地控制研究区范围内速度变化趋势,根据地震反射 T_0 值适当地增加速度控制点,以保证平面上速度变化趋势符合地质规律。

（1）在已知井点时-深转换时,深度与钻井深度误差严格控制在地震勘探规程要求的范围内。

（2）将控制井点的速度误差值（Δv）,按克里金插值方式将误差分配到网格坐标点上求取地震反射界面的平均速度。

（3）过井点的地震深度与钻井深度超限时,通过微调速度值或修改解释层位,反复循环调整，直到深度误差满足地震勘探规程为止。

（4）研究区边界利用周邻构造的钻井选择合理的速度控制点。

6.5.2　山地复杂构造成果平面图精度分析

（1）等 T_0 值图是根据偏移剖面上解释的层位编制而成，由于没有速度参数的控制，所编制的等 T_0 值图仅在制图层上覆地层速度结构简单的情况下才能较为客观地反映制图层的地腹构造形态；当上覆地层速度结构较为复杂时，将不同程度地扭曲制图层的构造形态及埋藏深度。

（2）平均速度图精度。利用剖面成像叠加速度插值成三维叠加速度数据体，将叠加速度体转换成平均速度体，采用适合本区特点的平滑参数对平均速度体进行平滑，作为区内的速度变化趋势。通过钻井深度和地震反射层 T_0 值反算速度，对速度体进行（井）校正后，编制出主要目的层的平均速度分布图。

（3）编制构造图时，必须根据测网的控制密度及地震勘探精度来选择编图参数，通过反复试验选择作图网格及搜索半径。根据构造的隆起幅度选择等高线距，对个别数据产生畸变或断层附近出现的不合理的地方进行人工干预，同时消除等值线的边界效应，见图6-49。

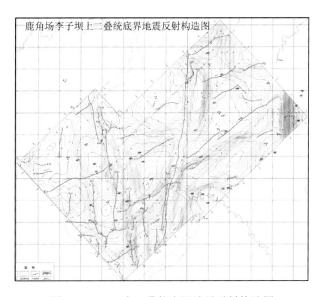

图6-49　LZB上二叠统底界地震反射构造图

（4）厚度图精度。等厚图（或等 T_0 时差图）表达的内容主要是反映某套地层区域厚度变化概貌和规律，而厚度的变化一般都表现为区域性的缓慢增厚或减薄。等值线密度较稀，即使在局部区域存在较剧烈的厚薄变化，其变化的幅度也十分有限。四川盆地，在喜马拉雅期定形现今构造之前的多次构造活动大都以地壳升降为主，各套地层的厚薄变化十分缓慢，等值线也很稀疏，见图6-50。

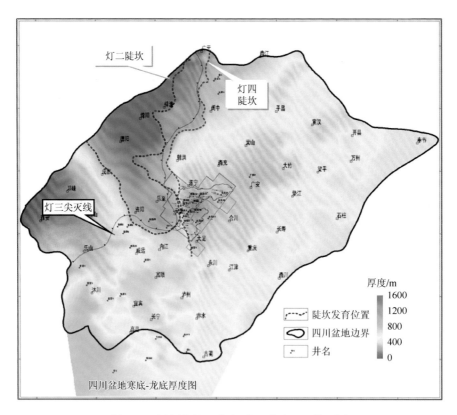

图 6-50 四川盆地"寒底-龙王庙底界"等厚图

（5）地震对比解释结果精度。研究区三维地震对比解释符合三维地震勘探规范要求。各反射界面反射波标定准确，提供的 T_0 数据准确可靠；T_0 等值线平面图满足构造解释的需求，等深度图（构造图）准确地描述了本地区构造形态及断层的展布情况，能为储量计算提供高精度的构造图。厚度图基本勾画出本区各时代地层的展布和发育情况。

（6）地质成果可靠性评价。

①野外资料采集参数合理，施工质量控制严格，原始单炮记录品质较高，为后续的资料处理获得高质量的地震反射剖面打下了坚实的基础。

②室内资料处理，通过反复试验优选出适合本区特点的处理流程及参数，进行叠加、叠前时间偏移精细处理，获得高信噪比、高分辨率、高品质的地震反射剖面，为构造精细解释及储层综合预测奠定坚实的基础。

③利用多种方法对地质层位进行准确标定时，有声波测井曲线的钻井必须制作合成地震记录标定层位，充分利用 VSP 测井、地震测井标定地质界面，采用邻区引入地质层位、地质"戴帽"等方法，确保层位解释的可靠性。

④根据区内探井、开发井、VSP 测井、地震速度测井、地球物理测井等资料，结合区域的速度资料，在地震反射剖面上读取 T_0 值计算层速度，综合确定时-深转换速度场，编制的构造图真实地反映区内地腹构造的细节变化，地震深度与钻井深度的吻合程度高，满足地震勘探深度误差的规程要求。

6.5.3 古构造图的绘制

1. 编制古构造图的意义

古构造图指某地层沉积之前地腹构造的形态。古构造图是研究现今构造发育史、研究地层沉积相带变迁、分析油气早期运移规律和寻找古圈闭、古今复合圈闭、非背斜油气藏、油气富集有利区带的重要工业图件。

2. 编制古构造图的方法

（1）古构造图的编制通常是根据层间的等厚图转换而成，将等厚图的顶界面定义为水平基准面，一般是以海拔 0m（或 0 时间）表示，然后将等厚图上等值线所标记的等值线值转换为以海拔 0m（或 0 时间）为基准的海拔值。

（2）通过地震反射深度剖面编制古构造图，在深度剖面上沿剖面分格点（500m 等间隔）读取该层位的深度值。移植平面上按构造图的编制方法勾绘古构造图，见图 6-51。

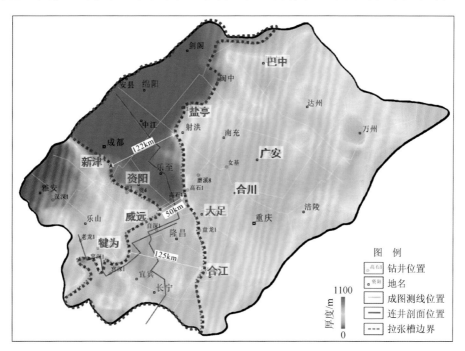

图 6-51　四川盆地早寒武世古构造图（裂陷槽特征）

应该注意的是,读取构造数据时应剔除现今断层和地层后期次生揉皱导致的地层厚度异常变化区的厚度据值。

6.5.4　地质成果的质量保证

（1）地震勘探的采集是基础、处理是关键、解释是灵魂。因此，采集的精度、资料处理质量、地震资料解释的准确性是影响地质成果质量的重要因素。

（2）山地复杂构造精细解释中，地质层位标定为最重要一环。根据研究区实际情况选择多种标定方法，综合运用各种标定手段。确保地质界面标定准确可靠，通过标定的层位必须与周邻构造地质层位完全一致。

（3）三维地震资料解释广泛应用水平切片解释层位及断层，通过对连续时间内的等时切片进行解释，可以准确地绘制等 T_0 构造图，反映构造的高低关系及构造轴线的展布情况。

（4）提取相干属性体，沿主要目的层相干切片解释小断层裂缝以及确定地层边界、特殊岩性体等方面，优势十分明显。

（5）三维可视化技术以各种各样直观的图形、图像更好地反映地腹的地质情况。可以对生物礁、鲕滩、颗粒滩等地质体进行雕刻。

（6）时-深转换速度场的构建也是解释工作中较为关键的一步，直接反映地震反射构造图及埋深图的精度。必须通过钻井验证，井震深度误差必须满足地震勘探规程要求。

6.6　地质研究报告编写

地质综合研究报告必须按照甲方合同要求的编写格式及内容进行编写，同时参考行业标准 SY/T5481—2009《地震勘探资料解释技术规程》和企业标准 Q/SYCQZ 297—2009《山地二维地震勘探资料解释技术规范》撰写总结报告。

6.6.1　总结报告编写的规范要求

（1）能围绕地质任务编写，回答本次地震勘探取得的主要地质成果和解决的地质问题，达到本次地震勘探部署的目的。

（2）采用的处理解释技术恰当，地质效果明显，具有优异的技术创新点。

（3）内容丰富、语句通顺、叙述清楚、专业术语规范，思路清晰、观点明确、重点突出、结论正确、建议中肯，可行性强。

（4）文字、符号无错漏。

（5）插图、插表齐全、规范、整洁、美观、使用价值高。

6.6.2　山地复杂地质成果汇报多媒体制作技巧

多媒体汇报是地震资料构造解释最后一环，是展示科研成果的重要部分。把研究中取得的地质成果及地质认识，利用图片、图形、影像、动画、虚拟现实等多种信息手段，进行合理地组织搭配，以通俗易懂的方式展示给甲方。

（1）严密的逻辑性。制作的成果汇报多媒体，严格按照甲方规定的汇报提纲进行制作，重点突出取得的地质成果、获得的地质认识；逻辑性强、依据充分；汇报的思路清晰、展示的图片清晰美观、文字简练；色彩搭配合理，采用资料标注清楚来源。

（2）严谨的科学性。多媒体内容齐全，层次分明、技术思路清楚、技术方法正确、地质成果丰富，展示的成果具有典型性和代表性；图片真实美观，动画设置合理；采用对比分析、分类归纳结论、分解、演示和模拟仿真等技术手段表达所取得的科研成果。

（3）鲜明的生动性。研究成果多媒体的制作设计强调主体分明，双向、直观、通俗易懂，版面美观大方；动画生动活泼，能激发听众兴趣；使观众能够沿汇报提纲思路循序渐进。

6.6.3　山地地震勘探成果归档

甲方对项目验收后，30 个工作日内完成成果归档工作。必须在规定时间内，根据项目最终验收意见进行整改和补充完善后，按油气田和合同归档要求（测网坐标、高程）处理（水平、偏移、深度）sgy 数据体，以及解释层位、断层文件、属性、反演数据体，将纸质和电子文档报告、多媒体、成果图件归入档案室（馆），以备他人查阅和参考。

7 山地复杂构造地震属性分析技术

储层预测研究中充分利用了计算机技术，采用不同的模块提取多种地震属性信息，探索储层纵、横向变化规律，为储层预测研究提供可靠的基础资料。

随着勘探开发的不断深入，地质目标已逐步转向以地层、岩性复合圈闭油气藏为主。这对地震勘探采集、处理、解释提出了更高的需求，要求对潜山、小断块、礁滩、鲕滩、河道砂、优质页岩等复杂岩性地质体进行精细刻画，利用地震属性来预测岩性和有利储集体已经成为地震解释工作的常规任务。通过振幅、频率、相位、相干体、波阻抗、伽马、孔隙度反演体等属性分析，进一步对储层进行定性、定量预测。

7.1 地震属性分析的理论基础

地震属性提取是通过地震数据进行不同的数学变换而获得地震波的动力学、运动学、统计学特征的一种表现方式。由于地腹岩层特征的变化，导致地震反射波特征发生改变，其地震属性必然随之发生变化。当地腹岩层含烃类及流体时，引起地震波的传播时间、速度发生改变，地震反射剖面上的地震响应特征存在一定差异，地震属性特征亦不同。因此，提取地震属性来表征地腹地层的各种信息，包括反映储层、含流体信息，已成为储层综合预测研究的常规手段。

7.1.1 地震属性代表的地质意义

从地震数据中提取振幅、频率、相位、波形、能量、相干体、曲率、相似性等属性。通过钻井、测井标定，可以间接地反映地腹地质体及含油气性特征，通过对地震数据的动力学、运动学、统计学特征等参数的提取，进一步描述地腹地质体的特征。地震属性已拓展到速度、伽马、孔隙度、波阻抗、反射系数、AVO、相干体、裂缝、泊松比、拉梅系数、脆性指数、含气概率、气水识别、地震反演等多种方法。

7.1.2 地震属性分类及应用

1. 地震属性分类

地震属性分类分为沿层（解释层位）属性和体（时窗内）属性两大类：

（1）沿层提取属性：振幅类、频谱类、吸收衰减类、波形类、曲率类、主成分分析、奇异值检测。

（2）数据体属性：相似性、体曲率、三瞬、时频分析、衰减系数等。

在生产及科研中，通常根据地震数据的振幅、频率、相位、波形、能量、相关、衰减、曲率、比率等属性，结合测井解释对地质目标进行标定，建立识别模式，寻找与油气富集相关的属性进行比对分析，划分出含油气有利区。

2. 属性应用

振幅类体属性：主要表征岩性、层序、侵蚀面、断裂、含流体概率、储层物性等。

频率类体属性：用于解释不整合面、岩性、断层、层序、流体、河流及三角洲砂体等特征。

相位类体属性：主要利用低频带通能量百分比、带宽等属性解释缝洞体及裂缝发育带。

能量类体属性：通过分析波峰数、波谷数、绝对能量振幅等属性，识别地层岩性的变化，划分小层序及预测含油气概率等。

波形类体属性：峰值振幅、尖峰值等，主要用于气水识别。

衰减类体属性：主要利用频率衰减进行油气检测。

相关类体属性：利用相似性解释断层、裂缝，识别裂缝发育带等。

比率类体属性：用于识别地层尖灭、超覆及沉积相研究。

7.2 如何提取地震属性

提取地震属性的目的是将地震属性转换为地层的岩性、物性、断层、裂缝、气水识别等油气藏描述的参数。提取地震属性的方法较多，各种地震属性都是从不同角度反映岩层的某一种特征。同一属性在特定的条件下可能代表不同的地质意义，各种属性之间的相关性存在不同的差异，需要对提取的属性要解决的地质问题进行筛选，选择最敏感、能反映地质目标的属性，提高地震属性的预测精度。

7.2.1 沿层属性提取技术

目前利用沿层时窗内的振幅强度、均方振幅、弧长等属性预测 10m 以上储层的效果较好。层位一般为波阻抗差异大的地震反射标准层，其反射系数较大，对于划分沉积相比较有效。沿层地震属性可以反映薄互层的综合效应，但不能识别薄（10m 以下）储层，只有提高地震分辨率才能提高薄层的识别能力。

沿解释层位时窗内提取地震数据体的地震属性，可以先对该层做层拉平后再提取地震属性；也可以在两个解释层位之间提取地震属性。如图 7-1 所示，利用速度反演体提取大一亚段底界—大二亚段底界介壳灰岩累计厚度。

7.2.2 体属性提取技术

地震属性体是通过三维地震数据体地震属性的提取来实现的，可以进行等时切片、沿层切片、可视化及虚拟现实展示，直观地反映地腹地质体的空间展布情况。利用地震相干属性体及叠后相似性属性，对断层进行空间的组合，见图 7-2。

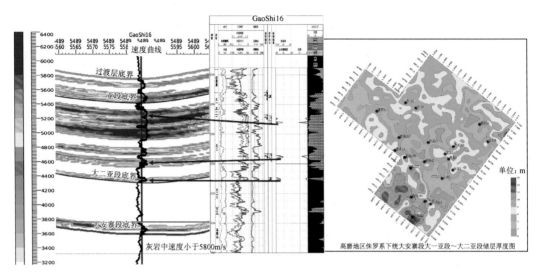

图 7-1　PLN 区块介壳灰岩累厚分布预测图

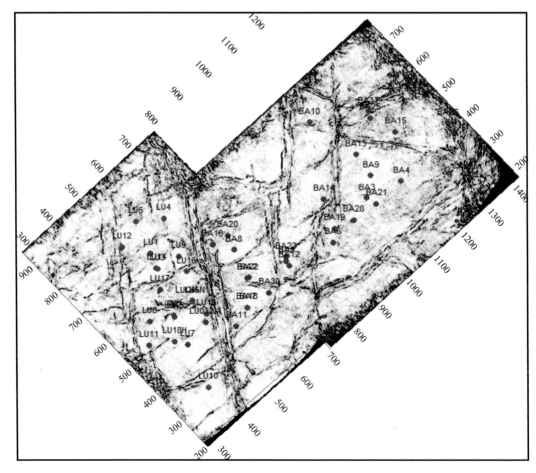

图 7-2　相似性属性显示的断裂特征

7.2.3 地震属性表征的储层响应特征

地震信息与储层参数关系研究表明，针对不同地区的地质条件，应总结出一个合理的储层研究思路与方法，寻找出适合研究区地腹地质体特点的地震属性与储层特征参数之间的规律，见图 7-3。地震属性与储层物性的关系，主要涉及对原始资料的分析、储层的精细标定、储层的解释、模型正演分析、属性的提取等。建立储层物性变化与储层波阻抗变化之间的关系，建立适合研究区特点的地震地质模型，确定需提取什么样的地震属性，解决什么样的地质问题。要建立适合研究区特点的地震地质模型，首先要分析影响波阻抗变化的主要因素与储层物性参数纵横向变化规律。对研究区内储层厚度、孔隙度和渗透率进行预测。波形改变所反映的地球物理参数主要为速度及密度。分析储层的物性参数时，通过测井解释建立储层参数之间的匹配关系，用钻井资料标定验证，用 3/4 的井参与建模，1/4 的井作为验证井。

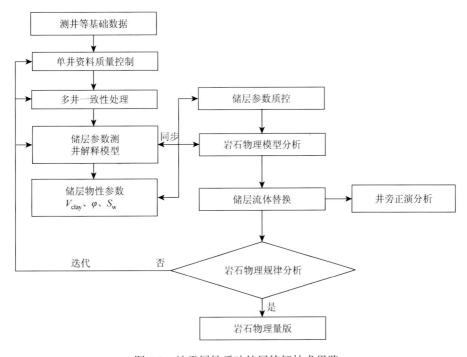

图 7-3　地震属性反映储层特征技术思路

7.2.4 利用地震属性反映储层特征的方法

（1）一般是在无井的情况下，利用沿层时窗的地震属性来预测储层。

（2）地震数据极性的确定：结合地腹地层的岩性结构判断正反射系数代表波峰还是波谷；分析储层是高速层还是低速层；确定解释波峰还是波谷；必须使用纯波数据提取属性；如果经过大量修饰性处理（如：滤波、道均衡……）后地震振幅的变化被改造了，那么沿层的振幅平面变化就不真实了。

（3）合理选择时窗：针对储层的发育部位选择合理的时窗。

（4）充分利用交汇图来优选可利用的地震属性。

（5）针对同一地层，各种地震属性的平面变化应该基本一致，如果有矛盾，应该分析原因，并剔除不合理的地震属性。

（6）对地震属性平面图要说明的地质问题，应做细致的分析。

8 储层综合预测技术

8.1 储层预测技术的发展历程

二十世纪七十年代：主要采用三瞬分析、平点、亮点技术、道积分计算、烃类检测等手段。

二十世纪八十年代：地震地层学、地层层序、合成地震记录、AVO、波阻抗技术。

二十世纪九十年代：3D（三维）与3C（三分量）技术、地震振幅特征研究储层。地震速度、伽马反演预测高孔段、利用构造曲率预测裂缝、多波勘探技术、井下地震技术（VSP技术）、分形技术、波形聚类、地震岩性模拟（SLIM、相干体计算及应用）、反演吸收系数预测含气层、各种地震反演（递推法带限、稀疏脉冲法阻抗、以模型为基础的宽带）。

二十一世纪初：通过岩石物理分析，结合地震数据进行模型正演分析、属性分析、叠前反演等技术方法，预测储层的含气性概率；谱分解分析地层切片；利用阻抗反演预测储层；利用吸收系数属性预测含气储层；利用纵、横波阻抗、密度反演等预测岩石物理参数⋯⋯

储层预测技术不断发展，使地震勘探工作不断得到深化，更多地挖掘出地震数据的潜力，也使油气藏预测技术取得了更好的地质效果。

8.2 储层综合预测技术思路及方法

（1）明确储层的岩性、物性特征，围岩的结构情况、储集层类型分析；

（2）根据钻井显示及测试情况，分析储层的测井响应特点；

（3）利用钻、测井资料精确标定储层；

（4）建立井震响应模式，根据地震响应划分地震相；

（5）分析储层的地震反演（速度、伽马、孔隙度）响应特点；

（6）建立储层识别模式，解释储层，编制储层平面分布预测图；

（7）裂缝发育带预测，编制裂缝发育带平面预测图；

（8）有利区带划分评价，划分出勘探开发有利区；

（9）根据地震数据品质对储层预测成果进行可靠性评价；

（10）钻探目标建议。

储层预测技术思路，见图8-1。

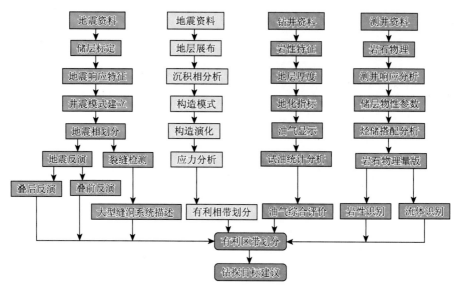

图 8-1　储层综合预测技术思路

8.2.1　储层基本地质特征分析

1. 地层结构

储层段总体地层结构。根据与上覆地层及下伏地层的接触关系，纵横向的变化规律，可分为几个大的海进-海退旋回，对其沉积旋回细分为几个次一级小旋回，而小旋回中又由多个沉积韵律组成。纵向上的烃储搭配系统，存在几套生、储、盖组合。

2. 储层的岩性特征

四川盆地蜀南地区，钻井揭示其下三叠统"嘉二²"亚段上部和中部岩性为白云岩、灰岩、石膏不等厚互层，底部为蓝灰色泥岩。嘉二²亚段储层位于"上石膏"层之下，嘉二²底界反射向上 5～10ms，岩性为生屑灰岩及针孔状云岩。

嘉二¹—嘉一段顶部为灰岩及云岩互层，嘉二¹—嘉一段储层位于嘉二²底界往下 10ms 范围内，储层岩性为泥—粉晶、针孔云岩。岩芯显示孔隙以粒间、粒内溶蚀孔隙为主，偶见洞和晶间孔，裂缝为主要的渗滤通道及次要的储集空间，属于低孔、低渗的裂缝—孔隙型储层。

3. 储层沉积相分析

区域沉积相研究表明，蜀南地区"嘉二¹亚段—嘉一"时期为半局限海台地相沉积，存在明显的东西分带的特点。自西往东依次为"碳酸盐潮坪→潮缘滩→半局限潟湖→台内滩和滩间海→半局限潟湖亚相"沉积，水体为西浅东深，沉积厚度为西薄东厚。研究区沉积相为"台内滩、滩间海及半局限潟湖亚相"沉积环境，见图 8-2。

4. 钻探情况

研究区内共有 57 口井钻遇嘉陵江组，发育有"嘉四¹—嘉三""嘉二³—嘉二²""嘉二¹—嘉一"三套储层。多口井在嘉陵江组不同储层段钻获高产工业气流，其中"嘉二²—嘉一"试油效果最好，其中 Ba12、Rong2、Ba25、Lu8 等井获得较高测试产量。主要产层段为"嘉二²""嘉二²—嘉一",见图8-3。

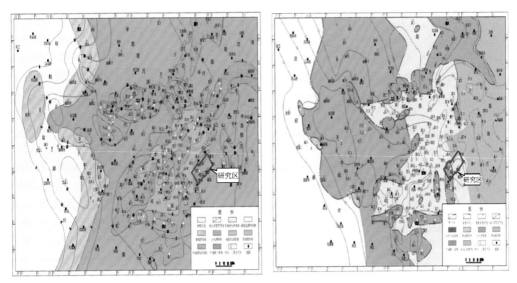

图8-2　Lu12井—Ba4井"嘉二¹"沉积特征

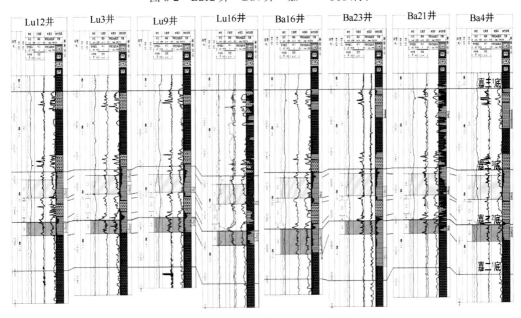

图8-3　Lu12井～Ba4井"嘉二¹"产层对比图

5. 储集空间的类型

通过对多口井的岩芯、薄片、电镜扫描等分析表明,四川盆地蜀南地区嘉陵江组储集空间可分为孔隙和裂缝两大类。

1)孔隙

晶间孔和晶间溶孔:碳酸盐自生或矿物晶体所形成的晶间溶蚀孔洞。

粒内溶孔及铸模孔:碳酸盐岩被溶解后生成的孔隙称为粒内溶孔,其颗粒完全被选择性溶解并且外部轮廓保存完整时,称为铸模孔。这类孔隙的形成与选择性溶蚀作用有关。

粒间孔及粒间溶孔:当胶结物基质不发育或基质含量极少时,颗粒之间的空间保存完好形成粒间孔。蜀南地区下三叠统嘉陵江组沉积的颗粒岩类,颗粒之间被胶结物充填,仅局部层段可见残余粒间孔。在后期的成岩过程中,由于大气淡水淋滤及酸性流体的作用,当颗粒间的胶结物或灰、泥基质被溶蚀后,形成粒间溶孔。

非组构选择性溶蚀:受大气淡水淋滤作用的影响,在粒间孔、粒内溶孔、晶间孔等原有孔隙的基础上扩溶形成的孔隙,有的孔径可大于2mm,称为溶洞孔隙。

2)裂缝

四川盆地蜀南地区裂缝为主要的孔隙类型,既为渗滤通道又为储集空间。其构造缝、溶蚀缝和压溶缝对储层的贡献较大,受各种地质条件的影响,嘉陵江组碳酸盐岩储层中的裂缝在各亚段和不同区块的发育程度存在一定差异。而潮缘环境的碳酸盐岩及陆源碎屑岩受构造作用影响,极易产生裂缝,部分储集层段可见零星的体腔孔、粒缘孔等孔隙类型,见表8-1。

表8-1　蜀南地区嘉陵江组储层主要储集空间类型表

成因类型		特征	形成阶段
类	亚类		
孔隙	粒间溶孔	颗粒之间的胶结物经过不断地溶蚀形成,其连通性较好	同生、表生期为主,成岩期次之
	晶间溶孔	晶间孔经过选择性溶蚀而成,连通性好	
	粒内溶孔	为砂屑、鲕粒内通过选择性的溶蚀而形成,连通性较好	
	晶间孔	介于白云石方解石晶粒颗粒之间,由结晶颗粒支撑而形成	
	粒间孔	基质或胶结物不发育或含量极少时,颗粒之间的岩石空间孔隙保存完整而形成	
	粒缘孔	砂屑、鲕粒边缘经溶蚀而形成	
	铸模孔	矿物晶体被选择性溶蚀后而形成	
	体腔孔	各种生物壳里面的有机质腐烂后而形成	
裂缝	构造缝	在地质挤压应力作用下岩石破裂形成	成岩后期
	溶蚀缝	裂缝被溶蚀扩大,缝壁形成	
	压溶缝	因压溶作用而形成的裂缝	

6. 蜀南地区嘉陵江组储层物性特征

控制储层的因素较多,其物性差异较大。蜀南地区下三叠统嘉陵江组储层特征为:低孔、低渗且不均质性十分明显。储层厚度较薄,大多数为3~9m,孔隙度为3%~5%,渗透率在0.1~0.5mD,为典型的低孔、低渗的碳酸盐岩薄储层,见图8-4。

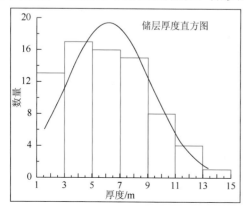

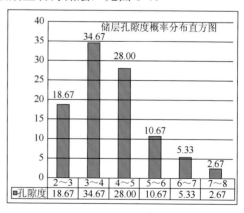

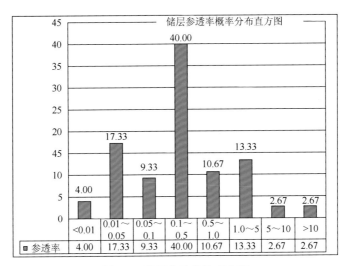

图 8-4 储层物性统计直方图

8.2.2 储层的测井响应特征

储层的测井响应特征：产层段的电性相对值或绝对值特征。通过对区内 60 余口井嘉陵江组储层的测井曲线统计分析表明："嘉二²亚段""嘉二¹—嘉一段"储层在测井曲线上相对于围岩而言，具有低速、中低伽马、中低密度、低阻、高孔的特征，见图 8-5；与泥岩或膏岩的速度范围较为接近，与膏岩的伽马值范围亦十分接近。

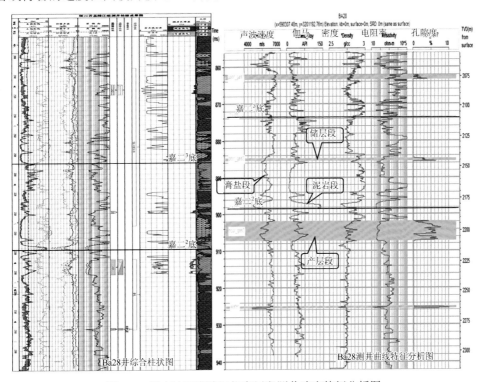

图 8-5 蜀南地区嘉陵江组产层段测井响应特征分析图

8.2.3 储层的地震响应特征特点

蜀南地区"嘉陵江组储层"地质特征及测井响应特征分析表明:"嘉二²—嘉一段"储层单层厚度较薄,通过模型正演分析(图8-6),当储层发育在"嘉二¹亚段"顶部时,"嘉二²亚段"底界地震反射同相轴振幅相对变弱、频率有所降低;当储层发育在"嘉二¹—嘉一段"内部时,其内部反射波组呈亮点反射特征。如图8-7所示,"嘉二²底界"反射位于波峰反射向上5ms处,"嘉二²储层"发育在"嘉二²底"向上4ms—向下20ms范围内。"嘉二¹储层"发育在"嘉二²亚段"底界反射波峰处时,其时窗范围为"嘉二²底"向下15ms之内,储层发育段表现为中强波峰反射,地震反射同相轴存在扭曲、分叉、错动的现象,见图8-8。

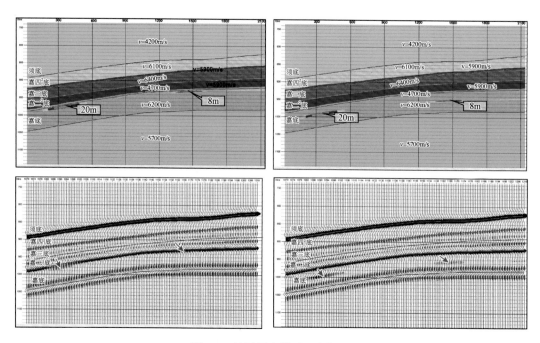

图8-6 储层厚度模型正演剖面

8.2.4 储层井震模式建立

1. 井震标定

根据研究区合成地震记录标定结果,"嘉二²底"测井分层在地震剖面上标定位置位于强波峰向上的零相位处,测井解释"嘉二²底"的实际位置为"嘉二²底"向上5ms位置。根据测井解释成果,在"嘉二²亚段"和"嘉二¹—嘉一段"分别发育有储层,"嘉二¹亚段储层"主要发育在"嘉二²底"地震反射层位(波峰反射同相轴)向上5ms—向下10ms的时窗范围内,见图8-9。

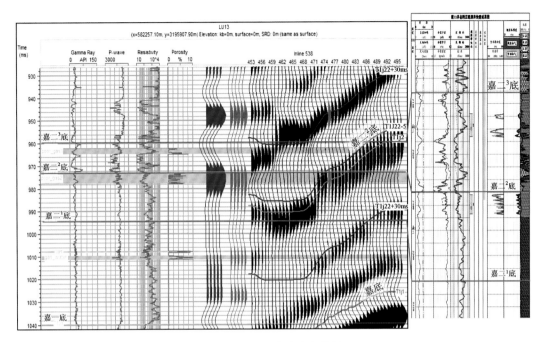

图 8-7 储层地震响应特征

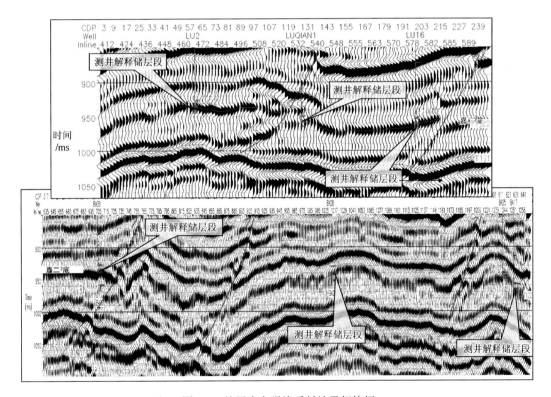

图 8-8 储层为中强峰反射地震相特征

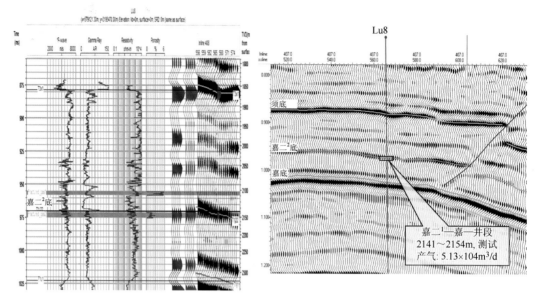

图 8-9　产层井震标定图

2. 产气模式

如图 8-10 所示,"嘉二^{1}亚段储层"发育在 $T_1j_2^2$ 反射层向上 0~5ms 时窗范围内。测试段位于"嘉二^{2}亚段"向上第一个波谷至"嘉二^{2}亚段"底界反射层之间;从过井叠前时间偏移剖面分析,"嘉二^{2}亚段"储层表现为向上的第一个波谷振幅明显减弱,频率也相对降低的地震响应特征,"嘉二^{2}亚段"波峰反射界面横向上反射存在能量变弱的响应特点。

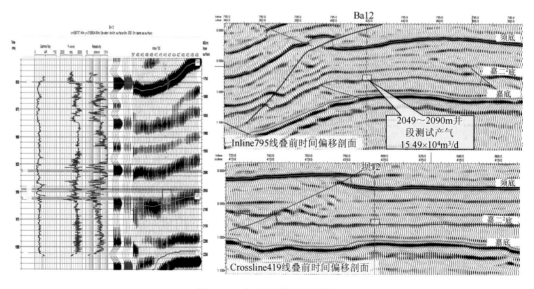

图 8-10　产气井模式分析图

3. 干井模式

通过模型正演及典型井偏移剖面分析表明，蜀南地区"嘉陵江组"薄储层的地震响应特征可归纳为：

（1）储层位于"嘉二¹亚段"顶部时，储层厚度越大，储层响应特征越明显，多表现为频率降低、振幅及能量减弱，同相轴波形不连续的响应特征。

（2）储层位于"嘉一"内部时地震反射表现为亮点特征。由于嘉陵江组储层单层厚度较薄，受地震分辨率的限制，"嘉二²亚段底界"反射异常特征多为储层段的综合响应特征，见图 8-11，Ba19 井"嘉二¹亚段"的 2145～2169m 井段测试为干层，从图中可以看出测试段地震反射振幅、频率无明显变化。

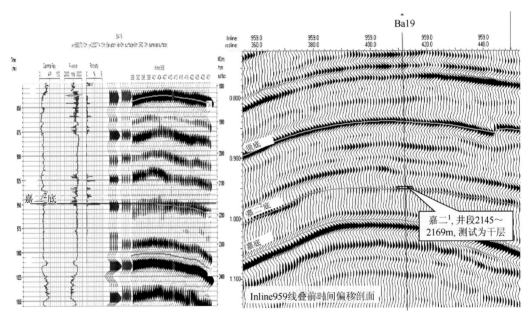

图 8-11 干井模式分析图

8.2.5 嘉陵江组储层地震反演

通过对区内典型井地震反演反复试验认为，采用基于模型约束速度反演方法对薄储层预测效果较好。图 8-12 所示为 Ba25 井和 Lu15 井速度反演剖面，曲线为声波速度曲线，反演结果与测井曲线吻合程度较高。"嘉陵江组"高速层的背景速度为 6300m/s，而"嘉二²亚段"和"嘉二¹亚段"地层速度为 6000m/s 以下，其中泥岩段速度为 5000m/s。通过速度与孔隙度曲线拟合的关系式（图 8-13），利用速度反演数据体计算获得孔隙度反演数据体，见图 8-14。

1. 储层预测图件的编制

根据测井解释标准，确定孔隙度大于 2% 为门槛值，提取"嘉二²底"向上 5ms—向下 10ms 时窗范围内，孔隙度大于 2% 的数据样点数，乘以对应的速度值，得到"嘉二¹—嘉

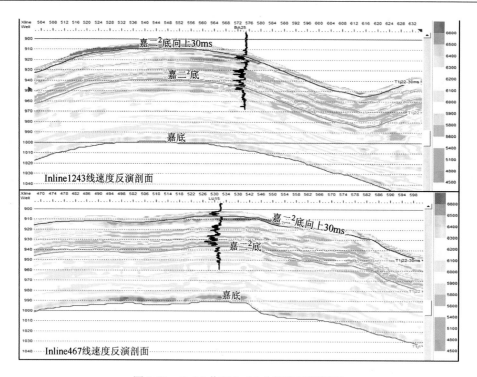

图 8-12　Ba25 井和 Lu15 井速度反演剖面

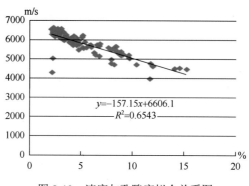

$$y=-157.15x+6606.1$$
$$R^2=0.6543$$

图 8-13　速度与孔隙度拟合关系图

一段"的储层厚度,根据储层厚度编制研究区"嘉二¹—嘉一段"储层厚度分布预测图,见图 8-15。提取"嘉二²底向上 5ms—向下 10ms 时窗范围内孔隙度大于 2% 的孔隙度值,编制出"嘉二¹—嘉一段"孔隙度平面分布预测图,见图 8-16。将"嘉二¹—嘉一段"储层厚度与孔隙度值相乘后,获得"嘉二¹—嘉一段"的储能系数分布图,见图 8-17。

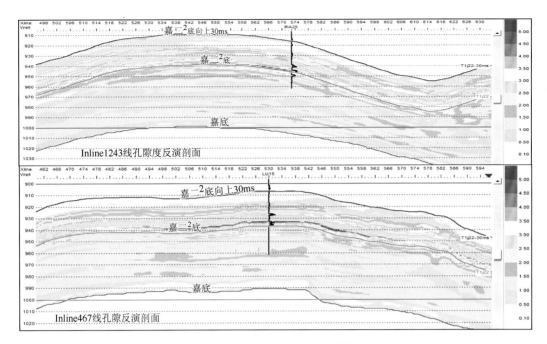

图 8-14 孔隙度反演效果分析图

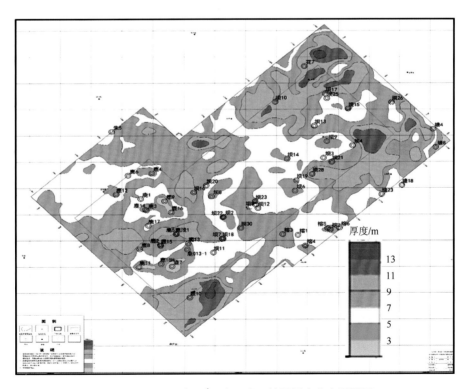

图 8-15 LZB "嘉二¹—嘉一段" 储层厚度分布预测图

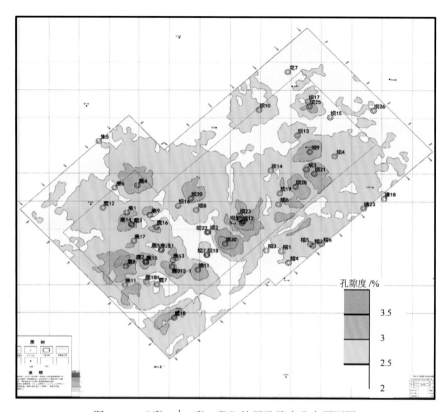

图 8-16　"嘉二^1—嘉一段"储层孔隙度分布预测图

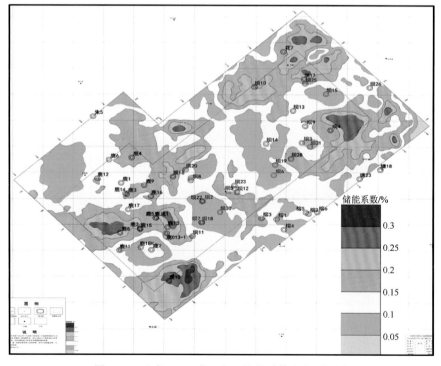

图 8-17　"嘉二 1—嘉一段"储能系数分布预测图

8.2.6 储层有利区划分

如图 8-18 所示，"嘉二^1—嘉一段"储层综合评价图中，其色标代表"嘉二^1—嘉一段"储层的厚度，黑色线条为"嘉二^{2}亚段"底界构造的等值线，红色编号的线条为"嘉二^{2}底界"的断层，红色短线段为"嘉二^{1}亚段"小断层或者裂缝发育带。"嘉二^{2}亚段"和"嘉二^1—嘉一段"储层主要分布在鹿角场、李子坝构造的主体部位，其次分布在李东及李东东潜伏构造附近。"嘉二^1—嘉一段"储层孔隙度略高于"嘉二^{2}亚段"储层。

"嘉二^{2}亚段"、"嘉二^1—嘉一段"储层均属低孔、低渗性储层，裂缝对油气聚集成藏起着决定性作用。鹿角场-李子坝构造虽然较平缓，但属于不同的构造组系，在断层附近及构造两翼陡缓转折部位裂缝非常发育，构造轴部相对发育。

总之，本区"嘉二^2—嘉一段"含油气条件好，在构造有利部位裂缝发育、储层物性好，获气的可能性较大，具有良好的勘探开发前景。

图 8-18　LZB "嘉二 1～嘉一段"储层综合评价图

8.2.7　储层预测可靠性评价

通过过井剖面分析，反演结果与测井曲线吻合度较高，但仍然存在一些细节变化，利用区内测井解释储层厚度对预测结果进行验证，通过对比分析可知，储层预测成果与测井解释及试油成果的吻合程度较高，进一步表明储层预测成果对该区勘探开发部署具有重要参考价值。

在储层地质解释过程中，因为区内钻井资料表明储层在纵向发育位置稳定，岩性为灰岩或白云岩，本书采用限定分析时窗的方法，较好的消除泥岩和膏岩的影响，在灰岩或者云岩发育段，寻找低速、高孔的异常来表示储层。

因为研究区内嘉陵江组储层厚度薄，单层厚度基本在 5m 以内，叠后地震反演方法受地震分辨率影响，识别能力较弱，而本区没有横波测井资料，叠前反演条件不足，所以厚度预测结果可能存在多解性。

嘉陵江组储层厚度薄，纵向上，在地震剖面上表现为 1 个或几个采样点，根据这些样点对应的孔隙度反演值求取的储层孔隙度平均值可能存在误差。本章节孔隙度预测成果和储能系数预测成果仅供参考。

9 山地复杂构造裂缝预测

四川盆地为多层系油气产层，其中裂缝性储层资源量约为 $2.85 \times 10^{12} m^3$，裂缝不仅为油气运移的通道，同时亦为油气聚集的储集空间，可连通孤立的储集空间，极大地改善了渗透率，提高了油气产能。裂缝的产状、组合方式、展布及张开程度对油气藏的形成起着十分重要的作用，四川盆地以裂缝性油气藏为主，由于在时空域上的非均质性及油气产出的特殊性，给勘探开发带来了较大的困难，因此寻找裂缝发育带、对油气分布规律进行预测意义非常重大。

野外露头观察到的断层及裂缝以及成像测井资料、偶极子横波测井资料可以观察到井壁附近裂缝的特征，但涵盖的范围小，无法直接外推到整个研究区。裂缝检测最有效的手段为利用横波资料，但采集、处理、解释周期较长、费用高。如何以测井资料为基础，利用三维地震纵波资料充分挖掘其预测裂缝的能力，是摆在全世界油气勘探地质家面前的技术难题。

勘探开发实践表明，裂缝为油气渗滤的主要通道，裂缝提供了酸性溶液活动的空间，对次生孔隙的形成具有十分重要的作用，而裂缝发育带容易形成次生溶蚀孔洞，形成较好的油气储渗条件。在储层发育的地区，如果有良好的裂缝发育，可能有希望捕获高产工业气流，因此，寻找裂缝系统发育带为划分含油气有利区的重要任务之一。

9.1 裂 缝 成 因

裂缝种类繁多，通常根据其成因分为构造作用和非构造作用两大类。

9.1.1 构造作用产生的裂缝

与油气勘探开发密切相关并且能够有利于油气藏开采主要为构造因素成因的裂缝，通常有三种裂缝：褶皱、断层、其他因素有关的构造裂缝。

形成构造缝的因素：

（1）岩石组分，脆性矿物含量的高、低。

（2）岩石破裂难易程度，取决于裂缝密度的高、低。

（3）岩石颗粒大小及孔隙率。岩石的颗粒及孔隙率减小，岩石会变得很致密，导致岩石的强度及弹性模量增大，岩石即使受到很小的应力作用也会发生形变而形成裂缝。

9.1.2 非构造因素产生的裂缝

成岩作用（即储层岩性、厚度、孔隙度、孔隙压力等因素）影响。

9.2　裂缝的特征

野外露头及岩芯裂缝的观察为最直观的观察方式,利用声波曲线及成像测井解释裂缝已成为常规的测井解释手段。通过对川中地区近 60 口井的裂缝资料统计分析表明,包括碳酸盐岩和碎屑岩的裂缝特征十分明显,为裂缝性油气藏的研究奠定了基础。

1. 露头的裂缝特征

野外地质露头观测到较大尺度的裂缝,岩石破裂的程度规模较大,破裂带宽度明显,开度为 10~100cm,延伸长度可达 30(裂缝)~500m(断层)。野外露头观测到的断层,尺度相对较大,为几米至数百米,见图 9-1。

50cm

图 9-1　野外露头观测到的裂缝

2. 岩芯的裂缝特征

四川盆地钻井岩芯资料十分丰富,大量的岩芯展现出地腹岩层的裂缝特征,岩芯资料展示储层裂缝形态多样,层间缝、弧形斜交缝、水平层间缝、直立缝、形变层间缝、剪切缝、穿层斜交缝、高角缝、网状缝等,裂缝大小不一,有毫米、厘米级,还存在微裂缝,见图 9-2。

3. 显微镜裂缝特征

显微镜观察到的基质裂纹、颗粒边缘裂隙,其形态与裂缝基本形态一致,尺度非常小,属于纳米、微米级,见图 9-3。

岩层中对流体的运移和赋存有重要作用的裂缝、孔隙、溶蚀孔洞的纵横比存在较大差异。裂缝张开的宽度与延伸长度之比为岩层裂缝的纵横比。

裂缝为多尺度方式,分为纳米、微米、毫米、厘米、米级。对油气运移及富集有意义的尺度可大致分为:

(1)矿物尺度:矿物颗粒之间的孔隙,矿物颗粒中的裂纹,颗粒胶结物之间的裂隙等。属于纳米、微米级,肉眼难以分辨。

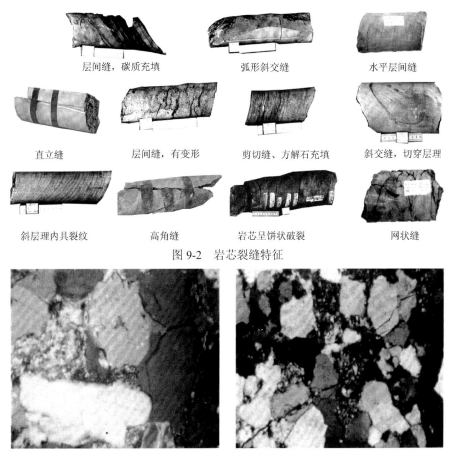

图 9-2 岩芯裂缝特征

图 9-3 显微镜观察的裂缝

（2）岩石尺度：岩石由不同矿物所组成，穿过不同矿物之间较长、较宽的裂纹及溶蚀孔、洞，属于毫米和厘米级，可以通过肉眼在岩芯中进行识别。

（3）地层（或岩体）尺度：不同岩石的组合体，岩石间的层理，纹理以及穿过地层的小断层，岩溶洞、穴等，属于厘米、米级。

（4）地质尺度：较大的断裂带以及地层的沉积间断面，例如不整合面、剥蚀面、大型的喀斯特溶洞以及地腹暗河等，属于米—数十米级。可以通过裂缝与岩芯中线垂面间的夹角，将裂缝细分为几种类型：①水平缝（0°～15°）；②低角度缝（15°～60°）；③高角度缝（60°～75°）；④直立缝（75°～90°）。

对油气藏有利的裂缝为宏观模型和细观模型中延伸较长、张开度较宽的直立缝、高角度缝。在裂缝预测中，针对不同尺度的裂缝选择不同的预测方法，预测裂缝发育带，生产科研中通常采用相干属性及叠前分方位裂缝预测技术。

9.3 裂缝的测井响应特征分析

1. 常规测井

常规测井由于测井仪器与地腹直立缝和高角度缝平行无法探测，致使直立缝及高角度缝在常规测井曲线上响应特征不明显。如图 9-4 所示，gong27 井的岩芯照片揭示，中侏罗统"沙一段"底部岩芯长 7.23m，其中可见缝有 16 条；直立缝和高角度缝较为发育。而测井曲线上反映不出裂缝的特征，与无裂缝井段测井曲线差别不大，见图 9-5，图中的红色段为取芯井段，无论是声测曲线还是中子、密度、自然伽马及电阻率曲线上，裂缝的响应特征都不明显。

图 9-4　gong27 井岩芯照片

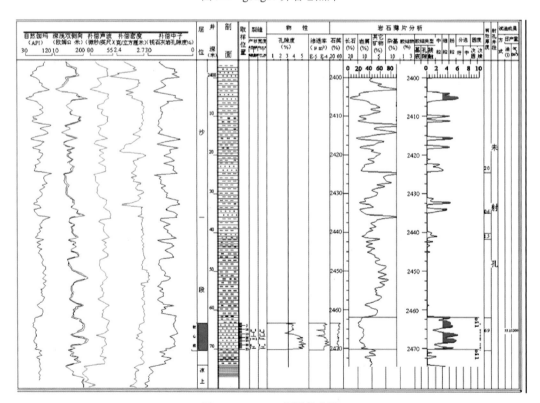

图 9-5　gong27 井测井曲线

从 dy18 井"嘉二—嘉一段"的测井曲线可以看出，红色框内取芯证实水平缝、低角度缝发育，声波测井曲线为跳波现象，见图 9-6。

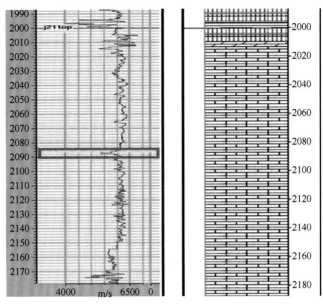

图 9-6　声波曲线上的跳波现象

2. FMI 成像测井裂缝响应特征

FMI 成像测井可以清晰展示井壁的特征，图 9-7 为 LJ2 井 FMI 成像测井图，其暗色

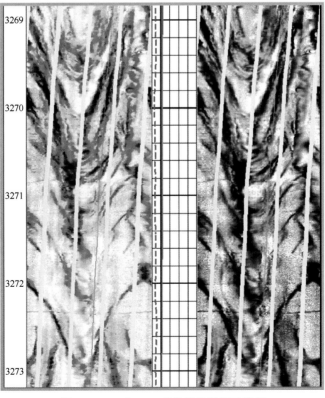

图 9-7　LJ2 井 FMI 成像测井图指示裂缝

条带指示存在裂缝，显示裂缝呈近南北向展布。成像测井成本高，限于井周；涵盖的范围小，无法外推到整个研究区。只有利用覆盖面积大的地震资料来预测裂缝的分布规律，才能通过地震方法检测裂缝划分出裂缝发育带。

9.4　山地叠后裂缝检测

地腹储层段存在裂缝发育带，将会导致地震资料表现出地震异常，地震反射同相轴的振幅、频率、相位发生异常变化，出现地震波场特征的突变，其地震属性特征存在明显变化。利用裂缝发育带引起的地震响应特征变化的特点，检测裂缝发育带的平面分布情况。

9.4.1　山地叠后裂缝检测方法原理

相干属性：利用相关原理有效地突出相邻地震道之间信号相似性特征，用于精细解释地腹断层、裂缝、等地质异常特征。利用地震资料根据地震波的动力学（振幅、频率、相位）特征的相似性，相干值越小或趋于零值，表明此处为岩性突变点、断点处相似性较差。根据相干值高低的空间展布情况，精细解释断层及裂缝，山地高陡复杂构造精细解释中，通过相干属性分析可以正确地解释小断层及小扭曲。

地震相干属性体的计算，主要参数为相干道数、倾角及相干时窗，根据地震反射剖面上反射波视周期 T 确定相干时窗。在包括一个完整的波峰或波谷范围内，尽量选用较小的时窗，其预测的结果分辨率更高、小断裂更为清晰可靠。

曲率属性：曲率反映岩层面向上形变的弯曲程度。弯曲越厉害，曲率值越大。地震资料解释中利用曲率属性反映构造的裂缝发育程度，将曲率属性与解释的断裂进行叠合，进一步刻画断层及裂缝。在提取曲率数据体时，通常沿三维地震资料上解释的地质界面计算体曲率。

9.4.2　山地叠后裂缝检测试验效果分析

如图 9-8 所示，"茅底"沿层相干属性切片中有一些北东向的红色线状条带，为高相干值，其分布规律与构造解释的断层走向基本一致。这些线状条带附近表现为红色—深红色高相干值，通过钻井标定认为断裂或裂缝较为发育。

图 9-9 为"茅底"沿层的最大曲率属性切片，总体面貌上与常规相干切片特征基本一致，主要断层与构造解释成果吻合较好，红色—深红色为相对高值区，代表裂缝相对发育。细节上与常规相干切片相比，最大曲率属性切片上细小的高相干异常没有常规相干切片特征明显，断裂分布趋势规律性不强。

通过上述对比分析，最终选用相干属性进行主要目的层——飞仙关组、长兴组、茅口组、栖霞组的叠后裂缝检测。

图 9-10 和图 9-11 分别为过双探 1 井茅口组及栖霞组的相干属性剖面。从剖面上看，双探 1 井茅口组表现为红色—深红色相干值，高相干异常明显；而双探 1 井栖霞组表现为绿色相干值，相干异常不如茅口组明显。进一步验证了茅口组测井解释为裂缝性气层，对应井旁为较高相干；栖霞组测井解释为白云岩储层，对应井旁为较低相干值。

因此，总体认为叠后相干属性与已钻井吻合程度较高，预测效果相对较好。

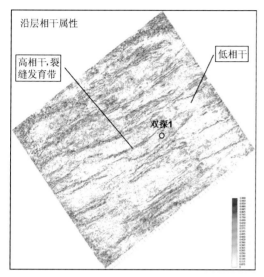

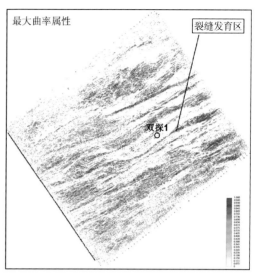

图9-8 茅底沿层相干属性切片　　　　图9-9 茅底沿层相干属性切片

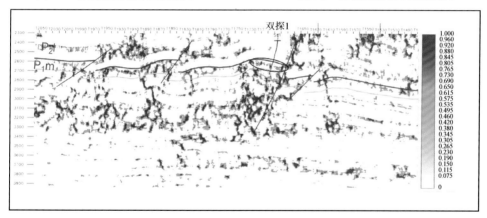

图9-10 L2522测线"茅口组"内部相干属性剖面

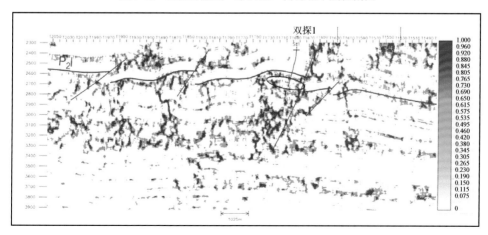

图9-11 L2522测线"栖霞组"相干属性剖面

9.4.3　裂缝预测平面分布特征

前文对裂缝预测采用了两种方法进行试验,最终优选相干属性对主要目的层进行裂缝预测。为了更好地描述裂缝发育带平面上的分布特征,我们分别提取了飞四底、长兴组顶界、茅口组顶界、茅口组底的沿层相干属性切片,在此基础上,将切片上的解释成果与构造成果进行叠合。

如图 9-12 所示,各目的层裂缝相对较为发育,主要以北东向展布为主,线性高相干,沿断层走向的趋势,呈北东向分布。研究区内西北部地震资料成像较差,受反射品质的影响,相干切片上也表现为相对高或较高相干值,但可靠程度较低。纵观区内的裂缝展布特征,"茅口组"在双探 1 井附近相干异常比其他目的层特征明显,下二叠统茅口组裂缝发育情况明显优于"栖霞组"。总体而言,区内裂缝主要发育在构造两翼断裂附近,其余地方零星分布。

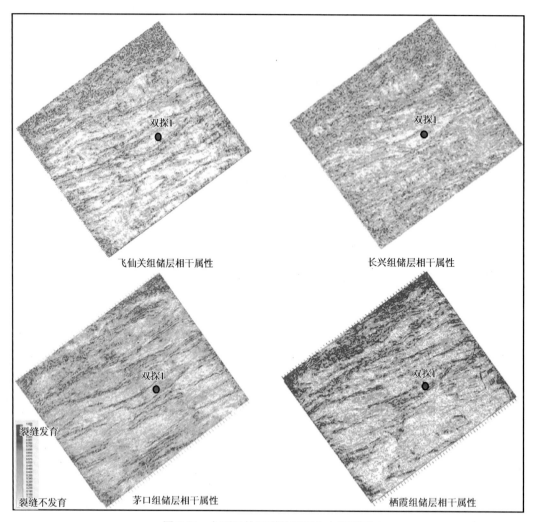

图 9-12　主要目的层裂缝平面分布预测图

9.5　山地叠前裂缝检测

9.5.1　山地叠前裂缝检测方法原理

地腹岩层如果存在高角度裂缝发育带，使地下介质方位存在各向异性，必然导致地震波特征方位的各向异性。利用地震波方位的各向异性对叠前裂缝发育带进行预测，通过提取地震数据的振幅、衰减等特征的方位各向异性进行垂直裂缝发育带的预测。

9.5.2　山地裂缝发育带预测的 AVA 技术

地震振幅随方位变化的特征称为 AVA，利用入射角随方位的变化，其反射振幅发生变化的特征，进行裂缝发育带预测，见图 9-13。在计算地腹界面某点各方位振幅时，如果各方位的振幅相同，表明该点为各向同性，不存在高角度裂缝；如果各个方位的振幅不一致，说明该点为各向异性。

图 9-13　叠前裂缝分布效果图

1. 最大能量

利用小波变换将地震数据的振幅转换为最大能量。小波变换其时窗大小没有严格限制，计算出各方位的最大能量，以获得纵波能量的方位差。

2. 数据体的总能量

同样，地震数据的振幅经过小波变换可以转换为总能量。通过计算其各方位的总能量，亦可得到纵波总能量的方位差。

利用方位角道集数据体提取总能量、最大能量的振幅属性，以振幅的方式反映出方位差异，这种差异可能反映裂缝发育，也可能反映其岩性变化等相关信息，可能存在一定的多解性，需要认真地分析研究。

9.5.3 山地裂缝发育带预测的 FVA 技术

纵波频率随入射方位的变化其频率属性不同称为 FVA，利用三维纵波的频率属性随入射方位的变化而改变的特性，进行裂缝发育带的预测。

1. 基本原理

地震信号的衰减与裂缝密度场的空间展布有关，地震波沿裂缝走向传播时，能量衰减较慢，垂直裂缝方向传播时能量衰减较快。引起地震能量衰减和地震能量不均匀的现象一般为垂直缝、斜交缝、网状缝等。裂缝性储层含有油气时，其储层物性及含油气性将导致地震波能量衰减的各向异性特征发生十分明显的变化。

2. 频率属性

地震反射频率衰减相关的频率属性主要分为 4 种，见图 9-14。

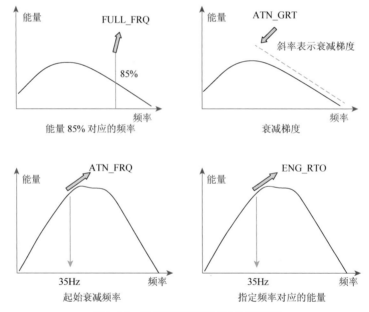

图 9-14 地震波频率衰减属性原理图

主频：指最大振幅对应的频率。能量衰减越大，频率越低。沿垂直裂缝走向方向传播时的主频比沿平行裂缝走向方向传播时的主频低，当裂缝中充满油气时，其差异更为突出。通过提取各个方位的主频属性来反映裂缝分布的密度。

地震能量 85%对应的频率：分析时窗内能量达到总能量 85%对应的频率，见图 9-15。

图 9-15 左图为地震道，时窗为虚线范围，其功率谱见右图。分析时窗总能量达到 85%时即蓝色范围，对应的频率 f_0 为地震能量 85%所对应的频率。f_0 越低表明地层衰减越厉害，频率成分损失较为严重。地震波沿平行裂缝走向方向传播时的 f_0 比沿垂直裂缝走向方向传播时 f_0 高，说明裂缝密度较大，含流体更为丰富。

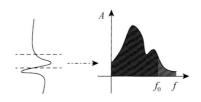

图 9-15 地震能量 85%对应的频率示意图

频率衰减梯度：梯度越大说明其频率衰减越厉害，吸收作用越强。沿平行裂缝走向方向传播时比沿垂直裂缝走向方向传播时频率衰减梯度小，表明裂缝的密度越大，含油气概率越高。

利用方位角道集数据体提取频率属性，用来反映裂缝发育带的方位各向异性特征，当裂缝中充满油气时，地层中的吸收衰减能力增强，导致主频、地震能量 85%对应的频率降低、频率衰减梯度增大。进行裂缝预测时，利用方位角的各向异性分析，对裂缝性油气藏勘探开发十分重要。

9.5.4 方位角数据的处理

叠前裂缝预测技术适用范围：小面元、宽方位、高覆盖次数，各方位偏移距、覆盖次数分布较为均匀。

通过分方位处理满足叠前裂缝预测的需求，在划分方位处理时需要值得注意是：

（1）方位划分：利用相干、曲率切片判断出本区裂缝展布的方位大致分为几组，为了提高识别裂缝的能力，同时又满足各方位覆盖次数均匀的原则，根据最大主应力方向、参考断裂的展布方向进行方位的划分，见表 9-1。

表 9-1 垂直最大主应力方向方位角划分表

平均方位角	36°	76°	96°	126°	156°	6°
方位角范围	21°~51°	51°~81°	81°~111°	111°~141°	141°~171°	−9°~21°

（2）偏移距的选择：应尽量保留远偏移距数据，使方位数据体 AVO 效应得到增强，反映裂缝 AVO 响应更为突出。宽方位三维的方位角、偏移距分布比较均匀，应尽量多使用大偏移距信息，如图 9-16 所示。该三维数据的方位较窄，偏移距分布不均匀。在偏移距大于 4000m 的区域内，其方位角的分布亦不均匀；200~4000m 偏移距范围内各方位角分布较为均匀；0~200m 近偏移距由于较为稀疏，其分布极不均匀；大于 200m 以后能够基本达到均匀分布。为了使各个方位角数据体特征达到一致性和均匀性，将偏移距选择在 200~4000m。

（3）扩大面元：该三维研究区覆盖次数为 10×10，如果划分为六个方位，则每个方位覆盖次数不足 10 次，叠前时间偏移后其剖面的信噪比较低，无法满足叠前裂缝预测的需求。只有通过扩大面元来提高信噪比。在实际处理中，将三维数据的叠加面元扩大为 75m×75m，覆盖次数基本上能够达到 30~40 次，满足了方位划分的要求，见图 9-17。大面元在一定程度上模糊了地质现象，其大小的选择应当在小于菲涅尔带的条件下，对信噪比和分辨率进行综合考虑。

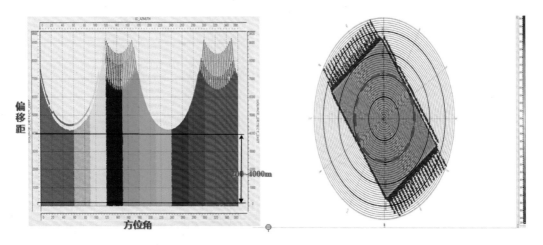

图 9-16　偏移距-方位角的分布图

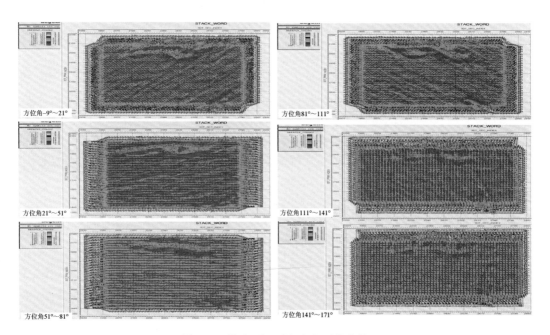

图 9-17　扩大面元后各方位覆盖次数

9.6　裂缝方位体地质解释

9.6.1　裂缝方位体切片解释

由于裂缝方位体及密度体的显示没有常规地震数据直观,需要对裂缝方位体及密度体数据体进行处理。加载到解释系统中,对裂缝方位体和密度体进行切片研究所反映的地质信息分析。从图 9-18 中可见,测区中部存在南北向的蓝色条带,该条带反映的裂缝发育方位为 150°~180°。

9.6.2 裂缝密度体切片解释

如图 9-19 所示,裂缝密度体切片图上在对应的裂缝方位体(测区中部)相同部位,可见该条带的裂缝密度较大,为裂缝密度高值区(大于 1.2)。

利用 LandMark 解释系统中 OpenWork 包的 EarthCube 模块进行三维空间立体显示,并对裂缝密度进行了镂空处理,见图 9-20。从图中可以直观地看出"须二段"裂缝方位和密度的空间展布情况。

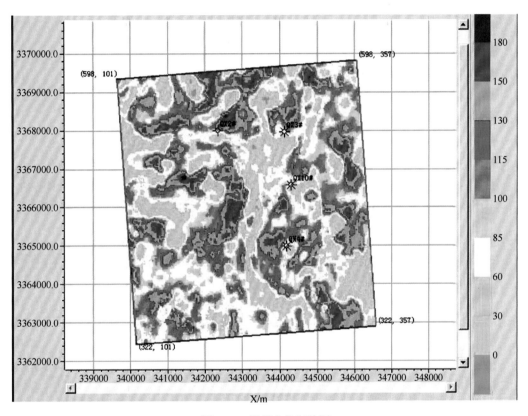

图 9-18　裂缝方位切片图

9.6.3 叠前裂缝预测应用效果

图 9-21 所示为双探 1 井"飞仙关组"裂缝段地震反射方位各向异性模型正演结果。图中第一列为声测曲线,第二列为合成记录及井旁地震道,第三列为各方位角的 AVO 道集,第四列上方为模拟出的不同入射角的反射振幅随不同方位的变化情况,第四列下方黑色椭圆为假定的裂缝走向(正北),黄色椭圆为在裂缝段提取各方位属性值拟合的椭圆。模型正演图表明,在垂直裂缝走向方向,地震振幅变化较小,即黄色椭圆长轴代表了裂缝走向;从研究区裂缝段模型正演结论,绝大多数是长轴代表裂缝走向,因此,在利用方位振幅类属性进行研究时,应当选择长轴方向数据对裂缝方位、密度进行分析研究。

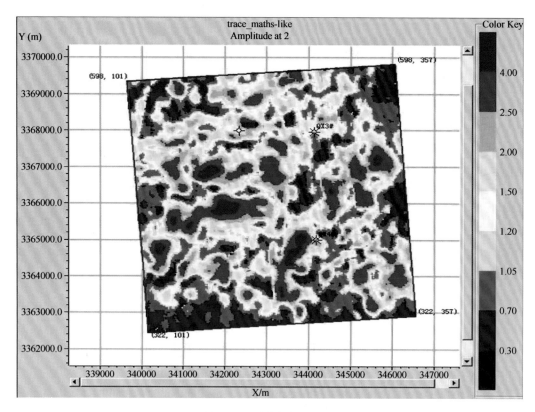

图 9-19　裂缝密度切片图

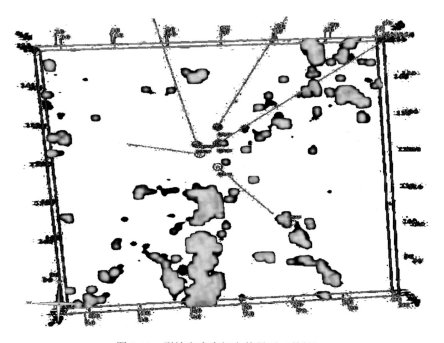

图 9-20　裂缝密度空间立体显示（俯视）

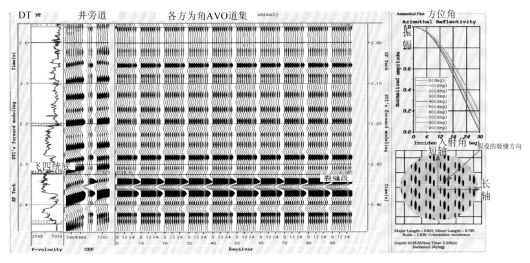

图 9-21   双探 1 井裂缝段方位各向异性模型正演分析

9.6.4   方位地震属性的提取

利用分方位角地震数据提取四种属性：地震能量 85%、衰减梯度、起始衰减频率、指定频率对应的能量，这四种属性既有相似性，同时也存在一定差异。在属性选取时，主要考虑以下三个方面的因素：

（1）考虑与大断裂的伴生关系，通常情况下，断层附近往往伴生大量裂缝，在远离断层的地区迅速消失。

（2）考虑构造复杂程度，通常情况下，构造扭曲部位、构造轴部均是裂缝易发带。

（3）考虑已知井的裂缝发育情况、产出情况。通过井震标定结果，其指定频率及频率衰减梯度的平面强弱对应效果不理想，裂缝展布规律性不强；而地震能量 85%属性及起始衰减频率属性，总体趋势相似性较好，起始衰减频率属性预测裂缝的效果与钻井吻合程度较高，对该区进行裂缝预测的效果最佳。

9.7   叠前裂缝检测应用效果分析

9.7.1   "茅口组"裂缝分布特征

利用叠前起始衰减频率属性对区内"茅口组"裂缝发育带进行预测，见图 9-22。从图中可以看出，除研究区边界资料品质较差以外，区内裂缝相对较为发育，沿断裂附近裂缝的密度较大。在双探 1 井附近的裂缝密度相对较大，见图 9-23（a）。

9.7.2   "栖霞组"裂缝分布特征

区内"栖霞组"裂缝预测，采用叠前起始衰减频率属性对裂缝分布特征进行预测，除研究区边界资料品质较差以外，区内"栖霞组"裂缝相对发育，断层附近裂缝呈条带状展布，双探 1 井附近"栖霞组"裂缝发育的密度相对较小，见图 9-23（b）。

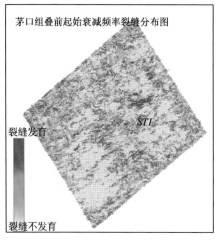

茅口组叠前起始衰减频率裂缝分布图

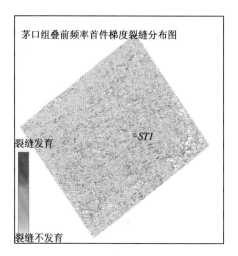

茅口组叠前频率首件梯度裂缝分布图

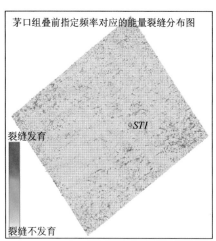

茅口组叠前指定频率对应的能量裂缝分布图

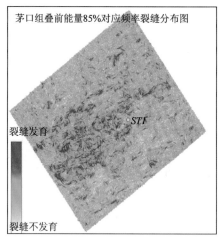

茅口组叠前能量85%对应频率裂缝分布图

图 9-22　提取方位起始衰减频率地震属性

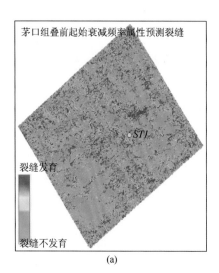

茅口组叠前起始衰减频率属性预测裂缝

(a)

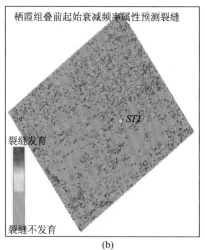

栖霞组叠前起始衰减频率属性预测裂缝

(b)

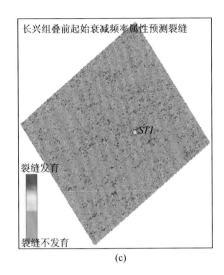
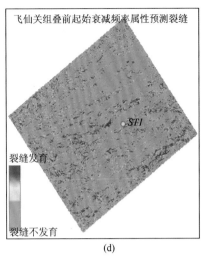

图 9-23　叠前起始衰减频率预测裂缝

9.7.3　"长兴组"裂缝分布特征

利用叠前起始衰减频率属性对区内"长兴组"裂缝进行预测，剔除研究区边界效应的影响后，表明区内"长兴组"裂缝相对更为发育，双探 1 井周围裂缝密度较大，见图 9-23（c）。

9.7.4　"飞仙关组"裂缝分布特征

区内"飞仙关组"利用叠前起始衰减频率属性预测裂缝分布情况，除研究区边界资料品质较差以外，区内"飞仙关组"裂缝相对发育，沿断层展布方向裂缝密度增大，双探 1 井附近的区域裂缝密度相对较小，见图 9-23（d）。

整体来看除"长兴组"以外，"茅口组、栖霞组、飞仙关组"的裂缝分布预测结果与研究区裂缝发育带趋势一致性较好，裂缝平面分布具有一定的规律性。而"长兴组"裂缝预测结果与研究区裂缝发育带趋势的一致性相对较差，裂缝平面分布规律性不强。

如图 9-24 所示，裂缝段在声波曲线上表现为明显的跳波现象，裂缝的地震响应表现为同相轴小错断在相干剖面上存在明显的高相干系数，在相干切片上为高相干异常，见图 9-25。

叠后采用相似性属性反演裂缝的大致框架，见图 9-26。叠前利用不同方位角数据进行叠前裂缝预测，采用叠前频率属性分析法，根据储层发育时窗范围分析结果，以"嘉二^{2}底"向上 5ms—向下 10ms 为时窗进行，对"嘉二^1—嘉一段"裂缝发育带进行预测，编制出"嘉二^1—嘉一段"叠前裂缝平面分布预测图，见图 9-27。

在相似性属性异常分布图基础上，通过人工解释，将叠后异常条带用短线条表示，投影到叠前裂缝预测图上，绘制出嘉二^1—嘉一段裂缝分布预测图，见图 9-28。裂缝主要发育在断层附近。嘉二^1—嘉一段发育的裂缝展布方向为北北东向、北西向及北东东向，其构造主体部位及构造交界区域发育的裂缝密度较大。

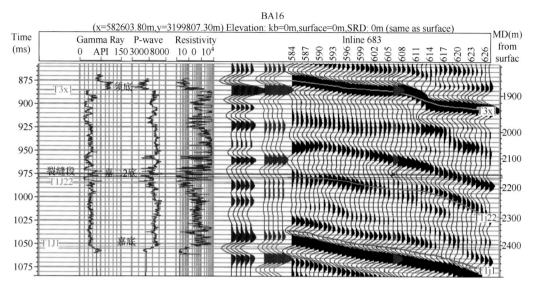

图 9-24　BA16 井"嘉二 ^{1}—嘉一段"裂缝标定图

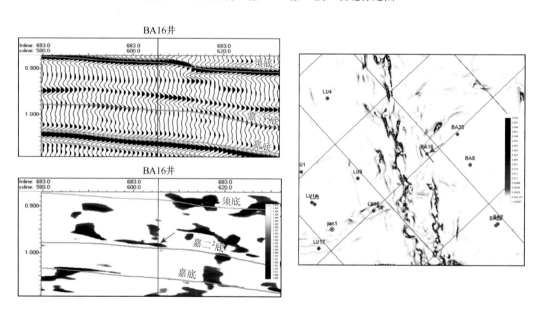

图 9-25　裂缝相干异常响应特征分析图

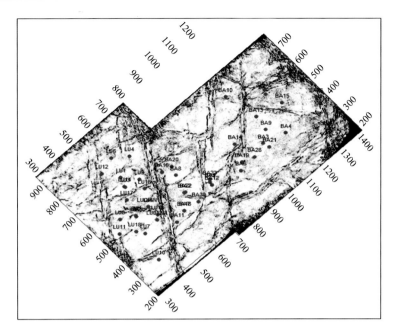

图 9-26　LZB 叠后相似性属性预测裂缝分布图

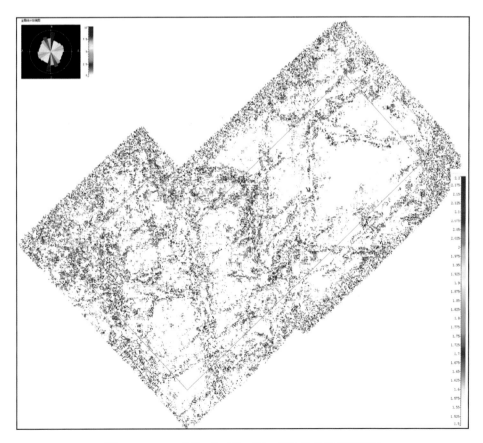

图 9-27　LZB "嘉二^{1}亚段—嘉一段" 叠前裂缝预测图

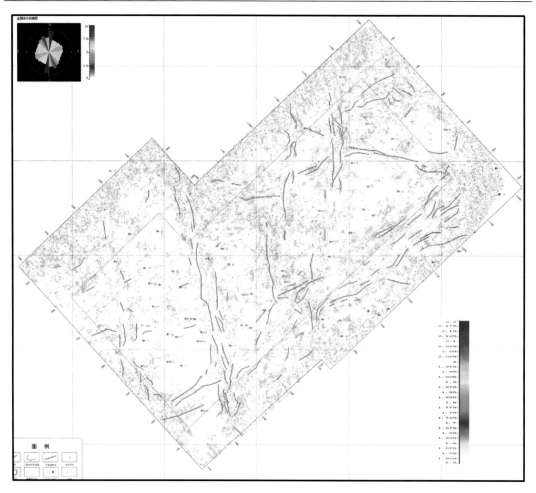

图 9-28 LZB "嘉二^1—嘉一段" 裂缝预测平面分布图

10　油气盆地评价技术

根据勘探的不同阶段,盆地评价分为:盆地级、构造带、构造圈闭预探、油气藏描述四个阶段;评价标准应当按照国际标准、行业标准、企业标准等技术规范进行。

10.1　区带优选评价

从勘探规模上来说,区带评价介于盆地(拗陷、隆起)与圈闭之间。区带可以理解为盆地内次一级构造单元(构造带)内所有圈闭。

所谓区带,通常指盆地内所处的构造带,具有相同成因关系及油气生、运、聚、保规律的区域。区带评价以石油地质理论为基础,应用各种物探、化探、钻探、测井及各种勘探技术方法所取得的地质成果,经过综合分析区带的含油气地层、构造、沉积、岩性、生储盖组合,建立区带内的油气形成、运移、聚集和成藏的地质模型。主要对勘探区进行综合地质评价,提出下一步勘探重点和勘探顺序。

区带评价原则:根据国际标准、行业标准、企业标准等技术规程要求,区带评价原则为:勘探程度高、地震资料品质好、构造圈闭落实程度高、位于有利沉积相带、储层品质好、生烃条件优越、烃源充足、古构造背景与现今构造叠置继承性良好、油气运移通道发育、晚期构造运动对现今构造破坏程度低、保存条件好的构造带评为Ⅰ类有利区带,比上述条件次一级的划分为Ⅱ类有利区带。

10.2　山地构造圈闭评价规范

根据企业标准《圈闭评价技术规范》中对地震勘探圈闭可靠性评价,对地震勘探新发现和进一步查明的圈闭进行识别。通过对地震反射剖面进行可靠性评价,进而对背斜、断块类圈闭的可靠性进行评价。二维主测线距≤2km地震详查或精查(包括三维地震勘探);控制圈闭测线条数大于2条;剖面质量为一级地震反射剖面品质,地震反射同相轴的波组特征清晰,可连续追踪对比;地质层位标定可靠,解释对比方案正确合理;速度模型(静校正速度、偏移速度和时深转换速度)构建使用的钻井测井较多;成图方案参数选择合理等,进行圈闭评价。

10.3　地震构造圈闭综合评价

10.3.1　山地圈闭分类

主要根据圈闭要素中的闭合面积、闭合度和高点海拔三项指标来进行的分类,见表10-1。

表 10-1　圈闭分类标准

圈闭要素 ＼ 类别	I	II	III
闭合面积/km²	≥10	5～10	<5
闭合度/m	>100	40～100	<40
高点海拔/m	<−4000	−4000～−5000	>−5000

根据国土资源部圈闭识别标准，将构造圈闭划分为三类：

I 类圈闭：为可靠构造圈闭，闭合面积≥10km²，闭合度>100m，高点海拔<−4000m。

II 类圈闭：较可靠圈闭，闭合面积 5～10km²，闭合度 40～100m，高点海拔−5000～−4000m。

III 类圈闭：不可靠圈闭，闭合面积<5km²，闭合度<40m，高点海拔>−5000m。

10.3.2　山地构造圈闭含油气性评价

根据可靠圈闭的识别成果，对圈闭的烃源、储层、烃储搭配、聚保等条件进行深入分析，根据邻区产能的情况，结合本区特点，描述研究区圈闭的含油气概率及石油地质条件。

圈闭含油气性评价需要介绍研究区的区域地质概况、地震勘探程度，构造发育史、断裂发育特征、圈闭要素；沉积相带、烃源岩厚度、储层分布、储能系数；储层物性参数、资源量估算。

圈闭含油气性评价必须认真分析区内的各种地球物理（储层物性、电性、测井）资料；试油、测井解释、地化等资料。

10.3.3　山地构造圈闭含油气性评价参数

圈闭条件评价参数：圈闭（背斜、断鼻）的类型、可靠程度、闭合面积、闭合度、高点埋深；兼探目的层的深度预测，高点所在的地震测线 CDP 点。

烃源条件评价参数：烃源岩厚度分布、TOC、R_0、脆性指数、地层压力。

储层条件评价参数：沉积相带、储层岩性、储层厚度、储集类型、孔隙度、渗透率。

保存条件评价参数：区域性盖层岩性及厚度分布情况、封堵条件、断层的破坏情况。

配置关系评价参数：时间配置关系、空间配置关系。

10.4　成果评价及井位建议

根据地震资料精细处理及解释成果，并结合其他有关资料，对最终成果进行综合评价。同时，又根据勘探任务的要求，提出相应的钻探井位建议。

10.4.1　野外采集及资料品质评价

采集观测系统参数设计优化，主要目的层横纵比大于0.6，根据主要目的层的埋深设置排列长度；通过地表出露不同岩性进行炮井的井深及药量试验；野外采集项目施工过程中严格按照施工设计及地质任务要求进行地震资料采集，采取针对性技术措施严格控制各种干扰，保证采集质量，获得的单炮记录能量适中，目的层反射层次清晰，精细处理后获得的叠前时间偏移剖面信噪比、分辨率较高，波形活跃，波组关系清楚，主要目的层特征明显反射品质较佳，同相轴连续性好，绕射、回转波归位较好，反映的断层及地质现象清楚，厚度变化符合地质规律。能够满足完成地质任务的需要。

10.4.2　资料处理流程及处理效果评价

通过对原始单炮、老资料剖面分析，找出老资料存在的不足，归纳出本次资料精细处理的重、难点：

（1）保真成像：做好从长波长及中短波长的静校正工作，不仅要充分解决研究区资料的静校正问题，还要精细选取成像速度，全面做好保真成像工作。

（2）保真去噪：采用分区带、分方法、分参数、分数据域进行叠前保真去噪，去除严重影响研究区剖面质量的各种噪声，提高处理剖面的信噪比。

（3）一致性处理：充分利用VSP测井资料，做好一致性工作，利用井控反褶积模块提高剖面的分辨率。

（4）偏移成像：建立好叠前时间偏移速度场和叠前深度偏移速度场，为提高主要目的层的成像质量，为查清地腹构造形态提供可靠基础资料。

通过反复试验，确定适合本区特点的流程及参数，利用多种质量控制手段，使剖面的信噪比得到明显的提高；精细处理所获得的保真、保幅剖面，其波形活跃、波组关系清楚；地震反射同相轴连续性好，可连续追踪对比；偏移归位合理，断点清晰可靠，反映的地腹地质现象特征明显。

10.4.3　地震资料解释成果评价

1. 层位标定及层位解释的精度分析

层位标定：利用测区内所有钻井、测井资料制作合成地震记录，对主要目的层反射进行准确的标定，并对标定结果进行验证，标定结果与邻区成果标定必须一致。

对比解释：根据地震波动力学原理和运动学特点，采用强相位对比、波组关系对比、相邻测线对比、跳线对比等多种精细对比追踪解释方法，精细解释层位、断层，制定的解释方案符合地质规律。

2. 水平叠加剖面交接点的闭合情况

全区内的反射层接点闭合情况较好，对比追踪相位完全统一，接层点时差必须符合地震勘探规程的精度要求。

3. 时-深转换

通过对区内的所有钻井、测井资料分析，建立适合本区特点的时-深转换速度场，保证时-深转换后深度剖面上的高低点位置正确，深度剖面上无畸变现象。

4. 成果图件编制

根据区内过高点的重点地震反射剖面，编制构造演化剖面，结合区域受力情况分析区内构造的形成机制。对主控断层进行分析，进行断层平面组合，划分出区内断层的期次，按地震勘探规程的精度要求编制地震反射构造图。

5. 可靠性评价

（1）野外单炮地震记录品质好，浅、中、深能量适中可见明显的有效反射，一级品率75%以上。

（2）地震资料处理方法正确，流程参数合理，适合本区特点，与老资料比较有明显改善，主要目的层信噪比、分辨率较高，波形特征突出、波组特征清楚、偏移方法正确、绕射、回转波归位合理、断点清晰可靠。

（3）针对主要目的层进行剖面地质评价，一级剖面率80%以上。

（4）地质层位标定可靠，邻区层位引入可信，层位追踪、断层解释可靠，剖面闭合满足地震勘探规程的精度要求，建立的时-深转换速度场符合地质规律。

（5）钻井与地震符合情况：地震深度与钻井深度吻合较好。主要目的层钻井海拔与地震海拔的相对误差满足"地震勘探规程"的精度要求。

10.5　建议钻探井位目标

10.5.1　构造成果

根据构造图圈闭范围的高点位置，选择地震反射剖面上存在地震异常（反射同相轴连续性差、能量变化频繁，低频弱反射、反射杂乱、同相轴上凸或下凹）的地质目标作为靶点。

10.5.2　储层预测成果

根据储层预测有利区，选择地震反演剖面上存在的有利储层作为地质目标。选择储层孔隙发育区布井。

10.5.3　裂缝预测成果

根据裂缝预测成果选择目的层裂缝发育的部位进行井位部署，尽量选择在构造的高点、轴线、陡缓转折端、小断层上盘等裂缝较发育的构造部位布井,力争获得高产油气。

10.5.4 综合油气评价成果

1. 烃源条件

四川盆地纵向上具备的多套区域性烃源岩厚度,如三叠系须家河组的一、三、五段的页岩及煤系地层,包括二叠系深水缓坡至深水洼槽相沉积的灰黑色泥质灰岩和泥岩;志留系龙马溪-奥陶系的五峰组页岩;寒武系筇竹寺组灰—灰黑色泥岩。上述优质烃源岩普遍TOC含量高,生烃、排烃能力强,具备充足的烃源条件。

2. 储集条件

钻井揭示四川盆地纵向上发育的介壳灰岩、砂体、飞仙关鲕滩、长兴组生物礁、下二叠统生屑滩、石炭系岩性圈闭、龙王庙颗粒滩、灯影的丘滩等多套储层,具有良好的储集条件,均已获得高产工业气流。

(1)寻找研究区内储层发育有利区。

(2)研究古地貌特征,划分有利的沉积相带。

(3)寻找生物礁发育的台缘带,地震相特征清楚,具有一定的可勘探价值。

(4)研究区内下二叠统生屑滩发育情况,可能的储层发育有利区。

(5)根据寒武世盆地拉张槽的展布特征,寻找陡坎附近发育的颗粒滩。

(6)根据灯四、灯二剥蚀线寻找灯影组的丘滩储层。

3. 保存条件

四川盆地上千米的泥质岩类及三叠系雷口坡组、嘉陵江组的膏岩类为盆地内的区域性盖层,特别是"嘉二、嘉四"地层中巨厚的膏盐层可构成良好的遮挡层,盖层条件极其优越,盆地内多个地史时期均发育有中、小断裂。由于断面泥质涂抹和挤入作用、破裂断层带的糜棱化作用、以及断面裂缝的成岩胶结或充填作用,都可以形成良好的侧向封堵作用,油气一旦聚集后一般不易散失而聚集成藏。

4. 圈闭条件

四川盆地印支-燕山期,由于受到强大的推挤力而发生冲断,在刚性的二叠、三叠系碳酸盐岩中裂缝极其发育,而其中主要的冲断层均向下断至寒武系甚至志留系地层中,这些有利的烃源断层起到了沟通多套烃源层的作用,为油气运移成藏提供了有利的通道。

从构造的形成与发展分析,现今构造主要形成于印支晚期—燕山期,此时各烃源层的油气演化程度已经达到气化阶段,与构造的形成时期基本一致,有利于油气的运移聚集成藏。盆地内发育有众多的构造圈闭,而且圈闭完整,圈闭面积和闭合幅度较大,为油气的聚集提供了良好的储集空间。

5. 含气性预测

油、气、水流体检测长期以来处于不断地探索阶段,储层流体预测技术仍然为一大难题。对于流体预测方法还没有较为成熟的技术手段，针对不同的目标层段，对流体预测还处于探索性研究阶段，可选择一些较为敏感的预测手段进行气水识别。

6. 裂缝预测

裂缝既是油气渗滤的通道，也是良好的储集空间。裂缝发育带的次生溶蚀孔洞十分发育，构成较好的油气储渗条件，在储层发育的区块如果存在裂缝系统，获得高产工业气流的希望越大。因此，寻找裂缝系统发育带，为获得高产油气的一个重要途径。

7. 探井井位建议

综合油气评价后，根据构造有利部位，结合储层预测、裂缝检测、含气性预测成果，综合考虑研究区地质构造特征、油气的保存条件，确定钻探目的层及兼探层系，提出井位建议依据及建议井位分布图。

8. 靶点位置

综合地震地质分析，以构造有利部位为基础，综合考虑研究区地质构造特征、油气的保存条件，确定钻探主要目的层，及兼顾层系确定勘探目标，见表 10-2。

表 10-2　井位建议表

建议井号		建1井	建2井	建3井
位置	构造部位	秀钟潜伏构造	生物礁有利相带	古脚台潜伏构造
	测线位置	Inline1980 Xline1620	Inline2780 Xline2000	Inline2305 Xline1837
定井依据		资料品质较好，圈闭较为落实； 位于下二叠统有利相带分布区内； 探索 Shuangtan1 井以南区域储层分布规律	长兴组生物礁有利相带内； 生物礁特征清楚	地震资料反射品质较好，构造圈闭可靠； 靠近 SYS 构造的高点； 位于下二叠统有利相带分布区内
钻探目的层		茅口组、栖霞组	长兴组	茅口组、栖霞组
预测海拔井深		上二叠统底-6330m	飞仙关底-5700m	上二叠统底-6150m

1）构造位置

建议井位于构造圈闭高点部位，地震反射剖面品质较高；叠前时间偏移剖面的归位合理，叠前深偏剖面证实解释方案可靠性程度较高；构造圈闭落实可靠。提供靶点的 Inline 线号、Xline 线号及纵、横坐标数据。

2）综合预测成果位置

处于有利相带分布区内，储层较发育。位于裂缝发育区，获气的希望较大。

3）钻探目的层

预测主要目的层的海拔及兼探层系海拔。

提供钻井卡片（图 10-1）：包括地震反射构造图（埋深图）、有利相带分布图、裂缝发育带预测图；叠前时偏剖面或叠前深偏剖面、地震反演剖面（储层预测剖面图）。

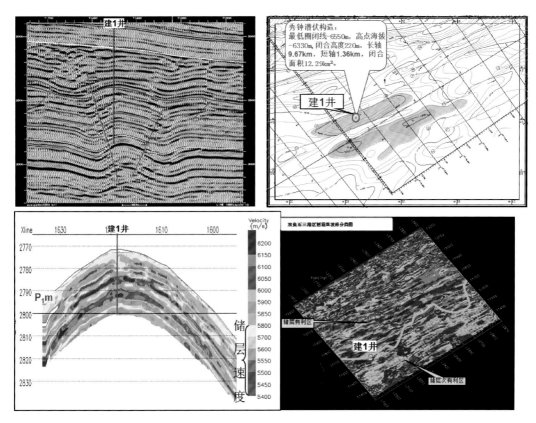

图 10-1　建议井钻井卡片

11　山地地震解释新技术

11.1　三维相干解释技术

11.1.1　三维相干技术基本原理

利用三维地震数据体相邻道之间的相似性差异，研究构造变形、断裂、裂缝的展布情况，当断层与构造（地层）走向平行时，往往断层线与解释的层位线叠置，不易进行断层解释。三维相干通过压制侧向干扰，最大限度地减小受地层倾向的影响，利用时间切片可以观察到与构造（地层）走向垂直的断层，在三维相干时间切片上非常容易地观察到任意方位的断层。

在进行三维构造解释之前，先通过提取三维相干数据体。浏览三维相干时间切片，大致了解区内断层的展布及各种地质现象，进行精细解释，可以大大地加快解释进度，以保证构造解释的精度。

利用三维相干体所反映的振幅、频率、相位、波形、能量等地震响应特征，划分地震相并赋予地质含义。

地壳运动使构造发生形变，形成裂缝、褶皱、断裂，在后期的沉积过程中形成各种复杂的地质异常体，例如河道、砂体、滩体、礁体、颗粒滩、丘滩、藻云岩及地层尖灭等地质现象，造成地层纵、横向的非均质性，导致相邻地震道之间的反射特征存在一定的差异。

三维相干技术的特点是利用相邻地震道之间动力学相似性，直观地展示断裂、河道、砂体、裂缝等平面分布规律。通过对提取的三维地震相干体纵、横向局部波形相似性特征分析（图 11-1），公 15 井附近，三维相干切片特征清晰，可以正确地识别出小断层，其延伸长度约 1km，断距为 6m。

11.1.2　相干体参数选取

1. 相干道数

根据地质任务要解决的地质问题及地震数据信噪比选择相干道数（信噪比越低，需要选择更多的道数）、层曲率（选择道数越少，曲率值越大）；通过地震数据的分辨率以及同相轴的连续性确定相干道数，分辨率越高相干道数越少。

对于信噪比较好的区域，相干道数选择 3 道效果较好，局部细节更为突出，选择 5 道或更多反而会降低识别能力，容易产生沿同相轴平行的线性成分；对于信噪比较低的区域，选择的相干道数越多，平均效应越明显，压制噪声效果越好，但降低了分辨小断层的

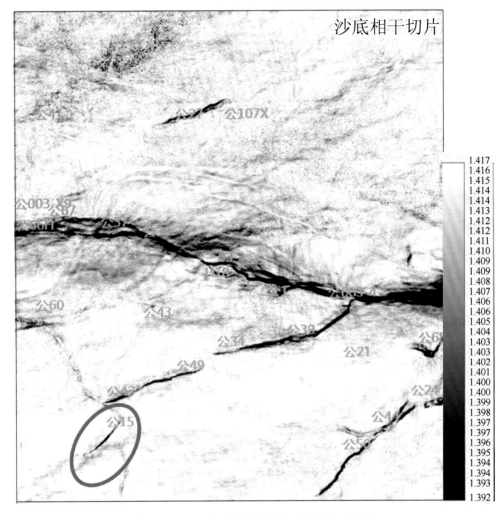

图 11-1 GSM 构造沙底相干切片反映的小断层

能力,不能刻画小断层及较小的裂缝发育带,只能反映大断裂以及较大尺度的裂缝发育带。相干道数选择越少,对小裂缝反映越敏感,但抗干扰能力有所降低。而不同道组合方向不一样,其相干效果存在较大差异,见图 11-2,北东向组合明显优于北西向组合。

2. 相干时窗

时窗选取与三维地震数据体频率密切相关,由地震反射剖面上视周期(T)及信噪比确定,通常时窗为三个半周期(即一个半完整波形)。相关时窗过小,参加运算的波形不完整;而相关时窗过大,多个波形参加相干计算,可能导致相干数据体严重失真。

3. 地层倾斜延迟时差

当界面倾斜时,相邻地震道存在时差,其时差随着界面构造形态的变化选取不同的延迟时差值,只有通过反复试验确定适合研究区特点的时差值,校正由于界面倾斜所引起的相干值。

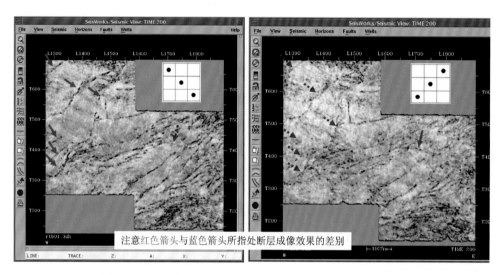

图 11-2　不同道组合（北西、北东）方式相干切片效果对比

综上所述，应当采用分方位、分频带进行相干处理，可以提高相干体检测微小断层的能力。通过提取曲率、方差等属性对相干数据体进行比对验证，补充相干数据体的不足，提高构造精细解释及储层预测综合研究成果的精度。

11.2　山地宽方位三维精细解释技术

该解释技术是三维地震资料解释中应运而生的全三维精细构造解释技术，在构造精细解释及特殊地质体的综合地质解释方面展现出较强的优势。通过利用三维地震数据体，提取各种属性体、采用面、块、相干体、水平切片、垂直剖面、任意剖面、联井剖面、沿层切片等进行综合地质解释，结合现代计算机、虚拟现实进行立体空间解释，大大提高了构造精细解释及地质体雕刻的精度。

11.2.1　面切片解释技术

面切片可以显示三维数据体多种特征值的切片组合，展示地质异常体特征在一定厚度范围内的变化情况；面块切片可以展示多种地震信息特征，例如峰、谷零值点及谷、峰零值点等属性。可以在一张切片上显示一种或多种信息特征，当地质界面标定在某一波峰时，在地震反射剖面上自动追踪对比该波峰同相轴，解释的断层自动地显示在平面上，便于进行断层的空间闭合，实现地腹地质界面的空间解释。

11.2.2　体切片解释技术

三维相干体切片解释通过图像分析技术，分析构造特征及地质体的异常变化情况。当地腹存在断层、古河道、砂体、礁滩、鲕滩、岩盐、膏岩、火成岩边界等地质体时，高相干对地腹产生突变以及地震异常部位特别敏感,在三维相干体切片上,地震异常及突变部位展示更直观清晰。通过对相干体的解释,可以清晰地展示地腹断裂、裂缝等地质体的空间展布特征,解释成果的可靠性更高。

11.2.3　水平切片解释技术

地震数据的水平切片上表现为:某一时刻的地震信息与铅垂面上完全对应的地震信息,等同于等 T_0 构造图;通过同一地质界面反射同相轴在不同时间的水平切片上,观察其构造形态的纵向变异特征。

水平切片上某一地质界面的背斜构造,随着 T_0 值的增加,其圈闭的面积不断扩大,向斜构造刚好相反,水平切片上断层表现为“同相轴”中断、错开、水平断距发生变化或断层走向突变等;铅垂剖面上反映不清楚的小断层,在水平切片上可以清晰地展现出来。

11.2.4　沿层切片解释技术

沿层切片解释为对某一地质界面解释后,沿解释层位切片可以消除构造变形的影响。在选定的时窗范围内按时间间隔切片显示其振幅、频率、相位、波形等信息。经过层拉平后的剖面即为沿层剖面。对解释的某一层位进行拉平后,其地震剖面相当于该地质界面沉积时的形态,用于研究区内各构造层的接触关系及构造演化发展史。利用主要目的层的沿层水平切片的动力学特征,研究主要目的层的构造形态以及特殊地质体所引起的物性特征变化。

11.2.5　立体可视化技术

运用全三维构造精细解释技术,结合二维解释成果、测井解释、试油成果等,形成综合地震地质解释成果,建立研究区立体可视化模型。三维立体可视化技术通过在立体空间上研究目的层与特殊地质体的展布规律,最终提供一套较为真实、可靠、直观的三维立体地质成果。

随着三维研究区的逐渐增多,全三维构造精细解释技术应用日趋成熟,将不断地提高油气勘探开发的钻探成功率。

11.3　山地三维可视化技术

三维可视化技术利用三维地震数据体,实现对地腹地质现象及特征进行显示、描述和综合解释。通过对三维数据体进行深入细致地研究,分析各种地质现象的发生、发展及相互关系。应用三维数据体及提取的地震属性体,通过立体的三维图形方式对各种复杂地质体进行描述。直接在三维空间上进行层位自动追踪及断层的空间闭合,利用提取的地震属性体对储层进行刻画及沉积相带划分,对复杂油气藏进行精细描述。

　　三维可视化技术的实现过程：对地质界面进行标定、种子点拾取、体元追踪、三维显示，对三维地震数据体通过立体、多方位等手段的展示及观察，分析三维数据体的宏观地质特征及储层的细节变化情况，通过地震数据体、属性体纵横向、椅状等，进行媒体的播放、旋转、透视、调色、光源角度调整等方法，更加突出地展现各种地质特征及储层的展布规律，构建三维地质体（层位、断层、岩性、地层圈闭）模型，以三维立体的方式展现出来。

　　在生产科研实践中，利用三维可视化技术直接对三维地震数据体进行构造精细解释、在空间域进行自动追踪层位及空间组合断层，解决复杂断块的构造问题；利用解释层位之间或给定的时窗范围进行岩性分析及沉积相划分。见图 11-3。

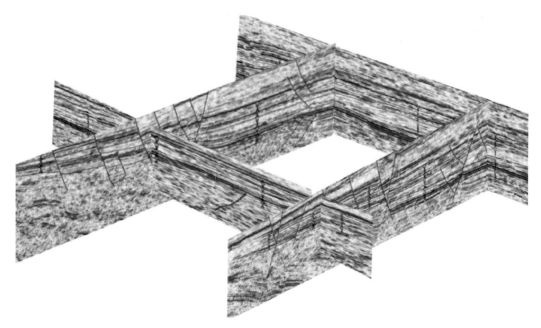

图 11-3　三维可视化展示纵、横层位及断层解释剖面

1. 三维可视化解释步骤

　　（1）加载数据：对三维数据体、钻井、测井、VSP 测井、试油、地层区域厚度、综合地质资料等进行加载，对地质界面进行准确标定，以保证三维可视化成果的精度。

　　（2）数据体的评价：从不同角度对三维数据体进行切片浏览，了解区内的大致构造格局及断裂的展布情况，对提取的多种属性体进行分析，重点突出所期望的地震响应特征，运用三维可视化技术突出展示地质成果。

　　（3）地质层位的自动追踪：充分利用三维可视化技术优势，精细地解释层位及断层空间闭合，可以重点地突出地腹构造形态、断裂系统展布、地质异常体分布范围、储层的地震响应特点等。

　　（4）生成断层面数据体：利用提取的相干体属性及多种属性分析，可以获得断层面数据体，通过对切片进行分析及垂直剖面观察，确定生成的断层面是否符合地质规律。

　　（5）断层的精细解释：通过对提取的地震属性体切片进行分析，结合构造的形成机制、构造演化发展规律，对断层进行解释及空间闭合，取得的地质成果更接近地腹地质特征。

（6）地质目标的精细解释：针对新发现的地质目标，可以从大数据体中切割出有地质意义的小数据体，作进一步的细化解释，通过缩放、调整透明度、目标旋转、颜色调整、镂空等手段，更为直观地突出地质目标。

（7）地质模型的建立：通过对光源、透明度、旋转等功能进行调试，达到重点突出地质目标的目的，通过对解释成果进行精细地修饰性处理，建立符合地质规律的地质模型。

（8）对多属性进行可视化展示：针对地质目标所提取的多种属性体，优选出几种可以突出表征地质体特征的属性体，进行三维可视化展示，达到最佳展示地质目标的效果。

2. 三维可视化优势

（1）对复杂的地震数据体进行立体地展示，便于深入地分析地震响应特征。

（2）三维可视化技术可以在空间上实现层位自动追踪及断层空间闭合，降低了解释方案的多解性，提高了地质成果的精度。

（3）三维可视化技术，可以通过多种方法立体展示层位、断层及储层的空间展布情况，提高了构造解释、储层综合预测及裂缝检测的精度。

（4）使用的三维地震信息更多，可以用多种方式及手段精细刻画地质体的特征。

12　多分量地震资料精细处理解释技术

多波地震技术在复杂油气藏勘探和开发中应用较为广泛，特别是在预测岩性、识别流体、裂缝检测、岩下成像、页岩气勘探等领域，大大地降低了钻探风险。

1．多波地震资料采集、处理、解释主要技术

（1）高精度、高保真多分量资料野外采集及表层调查技术；

（2）超道多分量、大数据资料的高效存储、复杂构造的转换波静校正、单点高密度资料提高分辨率和提高信噪比、振幅保持处理技术；

（3）各向异性及深度域成像技术；

（4）多波方位各向异性处理技术；

（5）多波高分辨率处理技术。

2．多波联合解释、联合反演技术

（1）多分量资料层位对比及断层解释技术；

（2）多波岩石物理分析及建模技术；

（3）多属性信息融合及分析技术；

（4）多波地震资料联合反演技术。

通过多波地震数据的联合解释，做好纵波及转换波的叠后波阻抗反演。重点是将纵波叠后阻抗反演方法推广到横波的阻抗反演，获得泊松比、拉梅系数、杨氏模量等地球物理关键参数。

12.1　多波多分量勘探历程

多波勘探始于 20 世纪 70 年代，为一项利用纵、横波及转换波开展油气勘探的重要技术。多波勘探在构造成像、储层预测、岩性圈闭、气水识别、裂缝预测等方面展现出明显优势，对提高致密油气、低孔、低渗、页岩气等复杂油气藏勘探开发效果突出。

国内从 20 世纪 80 年代开始陆续开展了一些多波勘探试验，在 90 年代末，随着国外多波勘探技术的进展和数字三分量检波器的问世，中国石油天然气集团公司、中国石油化工集团公司和中国海洋石油总公司分别在各自的探区开展了大量二维、三维三分量的试验工作，在多波地震一体化技术与应用方面获得了较大的进展，并积累了丰富的经验。

目前，国内多波资料采集技术发展迅速，但多波的处理、解释周期较长。国内多波地震采集设备基本与国外同步，引进的三分量数字检波器具有高分辨率、高保真特性。国内的多波软件已具备多波资料采集设计功能，国内各油气田成功地克服了陆上地表条件复杂、环境干扰严重等诸多不利因素的影响，得到了品质较高的多波资料。

多波资料处理已形成了基于共转换点叠加、叠后偏移成像等工业化技术流程，以各向异性、叠前时间偏移为核心的多波处理流程，已成为多波处理技术的发展方向，其中转换波去噪、静校正、相对振幅保持、各向异性处理等关键技术既是难点也是重点，有待进一步研究和完善。

多波解释为多波勘探环节中比较薄弱的一环，其瓶颈为层位对比解释。由于纵波、横波、转换波对同一地质目标可能具有相同（似）或不同的地震响应特征，造成了多波层位对比的不确定性，严重影响后续解释成果的可靠性。

转换波叠前反演、多波联合反演也是当前研究的重点，其中应用较为广泛的为多波岩性反演技术方法。通过多波联合反演，获得岩石纵波速度、横波速度、密度、泊松比、杨氏模量以及拉梅系数等主要岩石物理参数，为储层预测、流体识别研究提供丰富的资料。与常规地震勘探相比，多波地震属性信息更丰富，振幅比在多波资料解释中应用最为广泛和稳健。对横波分裂出的快、慢横波分离技术对裂缝预测效果特别突出。

多波三维勘探为裂缝检测及气水识别的关键技术。常规地震纵波信息是地层骨架及流体特性的综合响应，在岩性和流体识别方面存在多解性，而且对裂缝敏感性较差，预测裂缝精度较低，在裂缝预测及气水检测方面敏感性较差。由于多波数据中地震波场更为丰富，通过对纵、横波信息进行分析、处理及解释，一定程度上能够弥补纵波勘探的不足，有效地提高了裂缝检测和气水识别的精度。

12.2　多波地震精细处理技术

12.2.1　多波资料处理的重难点及对策

针对研究区岩性油气藏勘探特点，为保证后期地质目标——沉积相、岩性、储层及含气性等的预测精度，纵波、转换波资料处理重点是如何保真、保幅、提高分辨率。

根据原始资料分析结果，结合勘探地质任务，资料处理面临的难点及重点是：

（1）充分利用已知的微测井、潜水面、降速带等资料，通过反复试验处理方法、流程及参数，提高转换波的静校正精度。

（2）认真做好多波资料的相对保真、保幅处理，消除由于近地表和大地吸收衰减因素产生的振幅差异，为储层预测及裂缝检测提供可靠的基础资料。

（3）重点是突出有效波，压制各种干扰波，使单炮记录的品质得到明显提高。

（4）对提高多波资料分辨率的处理流程、方法及参数进行反复试验，优选出适合研究区特点的反褶积模块，有效地拓展多波资料的频带，提高多波资料的纵向分辨率。

（5）只有精细地做好纵波、转换波的各向异性处理，才能获得真实可靠的资料，为裂缝预测打下坚实的基础。

12.2.2　多波资料精细处理技术措施

（1）利用多种方法在多域进行组合去噪的方式，压制纵波、转换波上的各种噪声，提高多波资料的信噪比；采用分区、分类、分域、分频、分步、多方法联合去噪，对低频面波、异常能量等各种干扰进行有效衰减，突出有效波。

（2）利用纵波高程静校正、转换波检波点静校正以及地表一致性剩余静校正有机结合，尽最大努力地解决好转换波的静校正问题；采用纵、横波速度比空变系数法，求取转换波的长波长静校正量；通过在共检波点域互相关法求出较大的短波长静校正量；利用地表一致性剩余静校正方法求取较小的短波长静校正量，解决研究区转换波的静校正问题。

（3）采用时间函数增益、指数函数增益、地表一致性振幅补偿、共偏移距振幅恢复的多种振幅、频率补偿方式，确保振幅能量的一致性；通过球面扩散、地表一致性振幅、剩余振幅补偿及指数函数增益控制等技术手段，达到相对保真、保幅的目的。

（4）采用叠前、叠后反褶积组合、转换波高频拓展处理方式提高纵波、转换波资料的分辨率，满足多波联合解释的需要；采用高频振幅拓展法，对转换波进一步做提频处理，合理地提高剖面的分辨率。

（5）为了提高多波资料的成像精度，对叠前时间偏移进行各向异性处理；保证偏移道集的信噪比较高，同相轴一致性较好，满足叠前反演和同相叠加；反映的地腹构造形态真实可靠，地震反射同相轴波形特征明显连续性好，以满足构造、储层、裂缝解释的需求。

（6）做好纵波、转换波分方位处理，为叠前裂缝预测打下坚实基础。

12.3 多波资料精细解释

四川盆地上三叠统须家河组天然气资源十分丰富具有优越的成藏条件，主要为高孔砂岩、构造-砂体复合圈闭气藏。气藏的分布主要受储层厚度、物性、含气性控制，储层裂缝发育情况控制单井产能，储层预测、裂缝检测、烃类检测为复杂气藏勘探的重点及难点。

（1）沉积环境复杂，相变较快，储层单层厚度薄、横向变化大，储层位置纵横向多变，非均质性强，储层精细描述难度大；

（2）裂缝发育带空间展布复杂，预测难度大；

（3）低渗透性岩性气藏的气水关系十分复杂，烃类检测难度大；

多波勘探主要有五个方面的优势：

优势一：岩性识别、小断裂识别。纵波速度快、横波速度慢，相同尺度的地质现象横波反映出的时差较纵波更大，因此对小尺度地质现象（椭圆框内）响应更明显，反射信息更加丰富，见图12-1。

优势二：转换波对小断裂及裂缝响应更清晰，见图12-2。

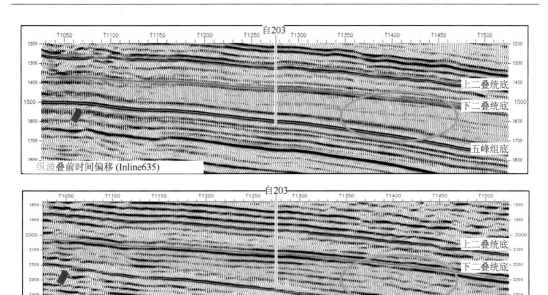

图 12-1   纵波与转换波叠前时间偏移剖面

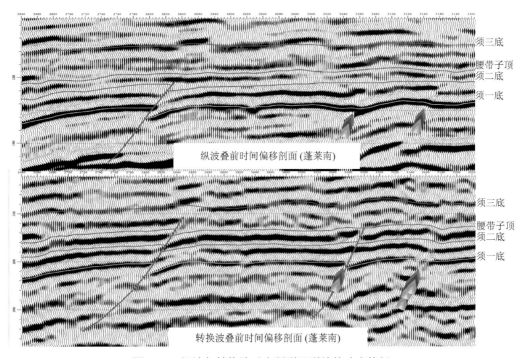

图 12-2   纵波与转换波对小断裂及裂缝的响应特征

优势三：通过横波分裂为快、慢横波，更准确预测裂缝发育带，当横波传播方向与裂缝斜交时，会发生分裂现象，即分裂成平行于裂缝方向的快横波和垂直于裂缝方向的慢横波，见图 12-3。

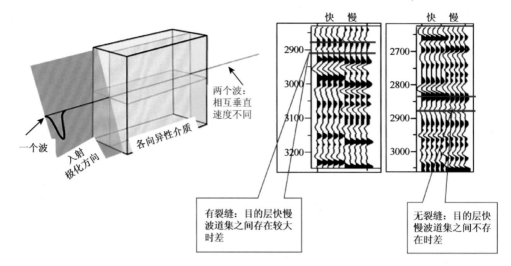

图 12-3　根据快慢横波分裂进行预测裂缝

优势四：可以直接获得纵波、转换横波资料，两者联合反演使储层参数预测更准确。多波联合反演 V_p、V_s 转换求取脆性指数更为准确，可以更有效地预测优质页岩，见图 12-4。

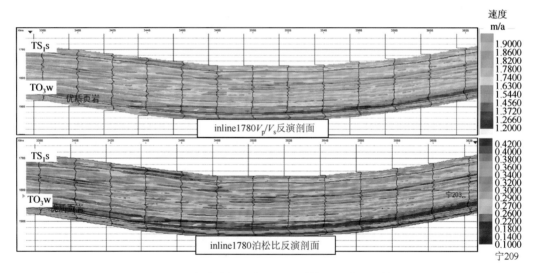

图 12-4　多波联合反演 V_p、V_s 转换求取脆性指数

优势五：横波传播只与岩石骨架有关，而纵波传播与岩性和孔隙中的流体有关。多分量地震勘探可以利用两者的差异，降低气水识别的多解性，见图 12-5。

针对低孔、低渗油气藏勘探急需解决裂缝检测和气水识别的问题，常规地震纵波信息是地层骨架及流体特性的综合响应，在岩性和流体识别方面存在多解性，使裂缝预测和气水检测方面也存在一定的局限性。通过对多波勘探数据中的纵波和横波信息进行综合分析，可以有效地进行裂缝检测和气水识别。

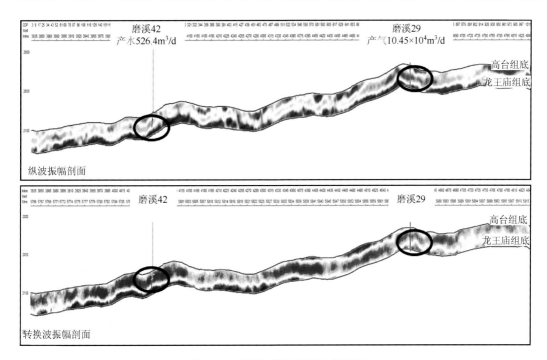

图 12-5　利用转换波进行气水识别

　　沉积相研究：以沉积相研究为基础指导须家河组储层预测，通过三维多波资料地震沉积学研究预测有利相带平面展布，把握储层宏观展布规律。

　　岩性识别及流体预测：当岩石孔隙中充满油气时，纵波传播速度降低，横波的传播速度几乎不发生变化。由于纵波、横波的传播方式存在差异，在储层顶界多波产生的反射波振幅变化较为显著，通过多波振幅变化的差异，对含油气性进行定性预测工作；利用纵横波联合反演、多波联合反演增加了横波信息，可以获得较为准确的岩石弹性参数。通过储层的岩石物理敏感参数分析，优选出对储层敏感的参数，进行多参数交会分析，确定出识别储层的门槛值，研究岩石孔隙度的变化及孔隙流体性质，对储层的有效厚度、孔隙度分布特征及含流体性质等进行定量预测。

　　多波多尺度裂缝预测：利用纵波叠后相干分析、曲率分析等技术对大尺度宏观裂缝发育带如断层、小断层进行预测，搞清不同裂缝发育带的走向以及相互切割关系；利用纵波各向异性叠前裂缝预测方法预测中小尺度的裂缝系统,通过横波分裂法预测小尺度裂缝发育的方位及密度,精细刻画裂缝发育带。

12.3.1　多波地质层位标定技术

　　多波地震资料解释中，最重要环节为地质层位标定，纵波和转换波对同一地质界面的解释含义不同，通过对多波资料地质层位的精细标定，为后续开展的各项工作奠定坚实的基础。

　　通常根据 VSP 测井及阵列声波合成地震记录，对纵波和转换波地震反射资料的地质层位进行标定。

1. 纵横波 VSP 标定技术

（1）纵波 VSP 层位标定：VSP 测井是在深度和时间域同时进行标定的，VSP 的检波器在井中接收，可以避免低降速带对地震波的吸收以及浅层干扰的影响。VSP 走廊叠加剖面为钻探与地震连结的桥梁，利用 VSP 测井资料能很好将地质层位引入到地震反射剖面中。

图 12-6 为研究区内纵波过 PL113 井 VSP 层位标定结果。可见地震资料与 VSP 资料各标志层之间对应性较好，波组特征一致，能很好地将须三底以上层位引入到地震剖面中。

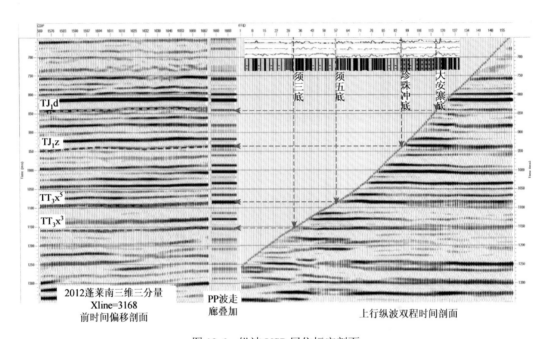

图 12-6　纵波 VSP 层位标定剖面

（2）转换波 VSP 层位标定：转换波可视为纵波入射横波反射，因此，在进行转换波的层位标定时，必须同时利用 VSP 资料中的纵波和横波信息。

PL113 井有转换波 VSP 测井资料，图 12-7 为矢量合成后获得的以下行纵波和上行转换波为主的 PSV（R）分量记录与纵波分量记录，可以看出 PSV 分量下行横波连续、清楚。同一界面的纵波、转换波特征可以在 PSV 分量和纵波分量上直接进行比较。图 12-8 展示了波场分离后，通过动校正拉平后的记录，从图中可以看出"珍底、须三底、须五底"在纵波和转换波剖面上的特征有较好的相似性，可以进行逐一对比标定。

图 12-9 所示为 VSP 测井纵波、转换波双程时间剖面与三维纵波、转换波偏移剖面的对比标定情况，从图中可以看出：通过 VSP 资料将三维纵波及转换波剖面直接联系起来，对"大底、珍底、须五底、须三底"进行标定。图 12-10 为转换波 VSP 测井的标定结果，浅层地震剖面与走廊叠加各标志层对应性较好，但 VSP 资料分辨率高于地震剖面，PL113 井为大斜度井未钻遇"须底"，对于"须三底"以下的层位，两者对应性较差，"须三底"以上的层位标定较好，而"须底"层位不能单靠 VSP 资料进行标定。

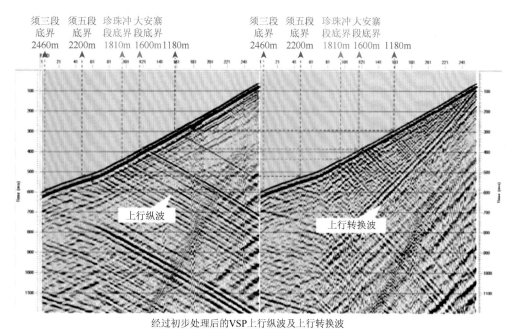

经过初步处理后的VSP上行纵波及上行转换波

图 12-7 纵波、转换波记录对比标定图

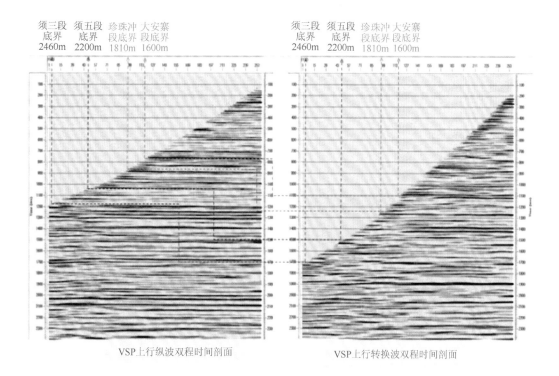

VSP上行纵波双程时间剖面　　　　　VSP上行转换波双程时间剖面

图 12-8 纵波、转换波双程时间剖面对比标定图

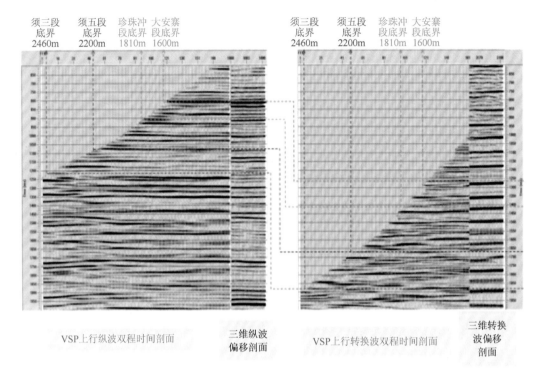

图 12-9　VSP、转换波剖面及纵波、转换波偏移剖面标定图

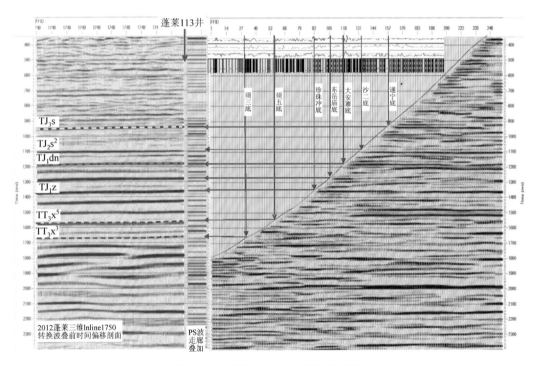

图 12-10　转换波 VSP 层位标定剖面

（3）合成记录标定技术：通过合成地震记录标定地质界面，将地震资料与测井资料有机地联系起来，使井震之间建立起准确的对应关系。多波的构造解释及岩性储层预测必须建立在地质层位精确标定的基础之上，合成地震记录制作的精度将严重影响地质层位及储层准确标定的精度。因此，多波解释中地质界面标定为最重要的一个环节。

（4）子波的提取：在制作纵、横波合成地震记录时，子波的提取十分重要。可以直接利用声波曲线，使用雷克子波制作合成记录，也可以根据声波和密度资料求出反射系数序列，通过与井旁地震道褶积获得地震子波。统计子波提取是对有限地震道记录的振幅、频率、相位等各种信息进行统计分析后，获得与本区地震资料匹配的统计子波。

图 12-11 为多分量研究区目的层须二段频谱分析图，其纵波主频为 45Hz，转换波主频为 25Hz。本次纵波采用的是主频为 45Hz，长度为 100ms 的雷克子波；转换波采用的是主频为 25Hz，长度为 100ms 的雷克子波；偏移距均为 800～3200m。采用雷克子波对纵、横波剖面进行层位标定，利用合成记录标定主要目的层界面，再采用纵、横波的统计子波制作合成记录标定内部小层，实现多波层位的精细标定。

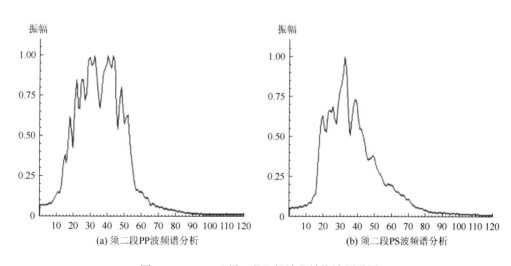

(a) 须二段PP波频谱分析　　　　　(b) 须二段PS波频谱分析

图 12-11　PLN "须二段"纵波和转换波频谱图

2. 应用实例

图 12-12～图 12-16 为本区 5 口井纵波 [（a）图]、转换波 [（b）图] "须三底、腰带子顶、须二底、须底"地质层位的标定情况。

从纵波和转换波层位标定结果看：蓝色为合成记录，红色道为井旁道，纵波合成记录与井旁地震道主要目的层波形特征、波组关系、波间时差对应较好，井震相关性较高，能很好地将地质层位标定到地震剖面中；而转换波合成道与井旁地震道的标志层波形特征明显、波组关系清楚，但"须二内部"的井、震关系相对稍差一些。

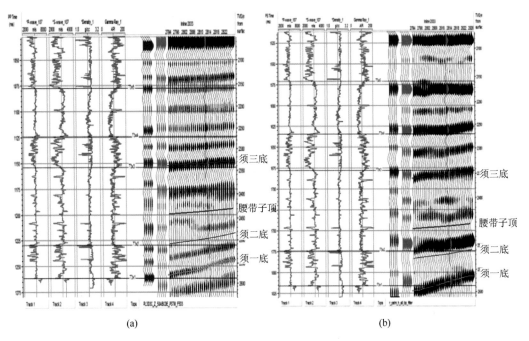

图 12-12 PL107 井纵波（a）、转换波（b）合成地震记录

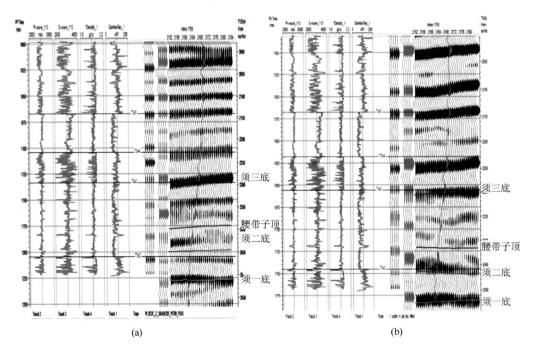

图 12-13 PL113 井纵波（a）、转换波（b）合成地震记录

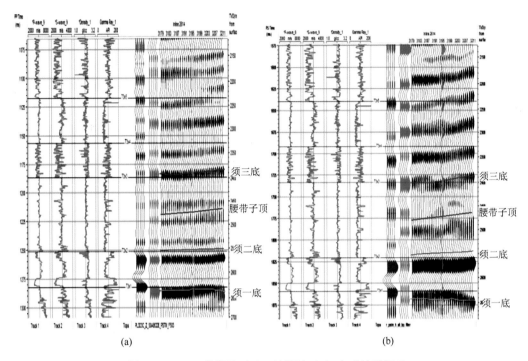

图 12-14   PL9 井纵波（a）、转换波（b）合成地震记录

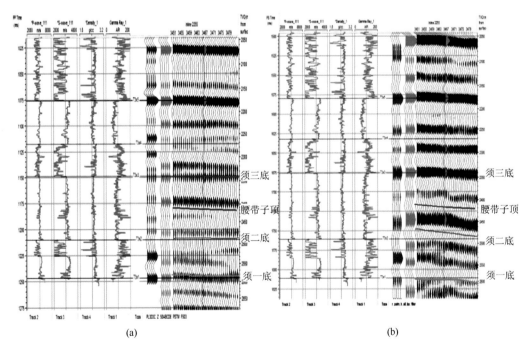

图 12-15   PL111 井纵波（a）、转换波（b）合成地震记录

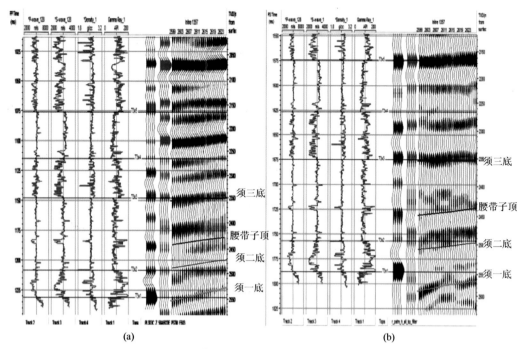

图 12-16　yue128 井纵波（a）、转换波（b）地质层位标定图

12.3.2　多波地震层位解释技术

通过多波地质层位精细标定后，对多波资料进行联合解释构造及断层，为后期的各种岩性参数提取、储层预测、裂缝检测及气水识别打下良好基础，这直接关系到多波勘探是否能够取得丰硕的地质成果及获得良好的经济效益。相同的地质界面对应的纵波和转换波反射具有不同的反射时间、不同的地震响应特征等。反之，它们之间的异同是对地层岩性和流体的特征响应，为直接预测油气提供了可能。充分利用多波资料反射特征的差异，更有效地寻找各种复杂的油气藏。与纵波剖面解释相同，转换波剖面地质层位标定后，对转换波剖面上的地质界面进行精细追踪、对比解释及断层精细解释。

多波解释技术不会由于勘探手段不同，导致地壳的形态发生变化，来自纵波同样深度的岩性界面的转换波，其解释方案必须是统一的。

1. 构造及岩性特征不变特征

在地质应力的作用下，地腹岩层产生永久性形变特征。例如，由脆性形变产生的断距大、小不等的正断层、逆断层、逆冲断层、低角度正断层、地垒、地堑、走滑断层等；由韧性形变构成的正向和负向构造、挠曲、陡带及各种构造样式等。不同年代地层所受到的构造应力大小及方向不同，经历构造运动的期次不同，越深的地层所受到的构造运动次数越多，构造形态越复杂，特征也越明显。在地震剖面上由反射同相轴的不同组合构成的时空域的几何形态，实质上反映地腹地质构造在时间域内几何形态的一种地震响应。尽管纵波、横波、转换波各自的传播方向不同，波的类型不同，但只要它们都是来自地腹同一地质界面的反射，那么在它们各自剖面上的地震响应特征具有明显的相似性，一般在多波各分量的时间偏移或在反射界面比较平缓的水平叠加剖面上,同层位纵波和转换波反射同相轴隆起顶点、凹陷最低点、尖灭点、断点等一些地质现象基本一致。在各剖面上,纵波隆起及凹陷的幅度、断层的断距等都是最小的,转换波的稍大;当界面倾斜时,转换波的视倾角比纵波的视倾角大。在构造比较复杂倾角较陡时,一些地质现象的特点及特殊波的特点在多分量地震剖面上仍然存在一定的相似性。由于不同地层的构造特征不同,它们所对应的地震响应特征也不同,但同一层位纵波、横波、转换波的地震响应特征大致相同。因此,在纵波与横波、或纵波与转换波剖面上构造特征的不变性可作为识别同一地质界面纵波、横波及转换波反射同相轴的对比原则和标志。通常,回转波、绕射波、断面波等特殊波也可作为多波层位对比解释的标志。

2. 地层深度及厚度保持不变的特征

在纵波与转换波地腹遇到相同的波阻抗界面时,时-深转换后纵波、横波、转换波必须满足所对应的埋藏深度完全一致。因为它们为来自地腹同一地质界面的反射纵波、横波、转换波,所以它们必定是来自某个深度上同一个地质界面的反射,只是波的类型、传播速度、波到达的时间不同而已,如果消除他们之间的速度影响,时-深转换后所对应的深度一定是相同的。

纵波、横波及转换波使用各自的速度,换算出的层间厚度也一定是相同的。因此,深度一致性和厚度一致性也可作为识别同层位纵波与横波或与转换波的对比原则。不同剖面上相同地质层位之间的视时间厚度应是一致的。

3. 沉积层序不变的特征

地震层序指年代地层单元在地震时间剖面上的响应,在地震反射剖面上的反射同相轴所对应的反射界面,与地质时期(宙、代、纪、世、期)及地层沉积单元(宇、界、系、统、阶)相对应,是具有地质等时意义的。层序地层学是通过划分不同年代地层单元的层序,主要根据地层之间的接触(不整合、假整合、整合)关系,由侵蚀削截、顶超、上超、下超等角度不整合到上下地层平行的假整合接触关系,都表明上下年代地层间存在沉积间断。上下地层的地质年代不同、沉积环境不同,使得地层物性差异较大,可以形成较强的波阻抗界面。在一条测线上,从浅至深,地层间的接触关系反映在地震反射剖面上所表现出接触关系应当是完全一致的,通过精确偏移处理后的纵波、转换波剖面上的地震响应特征大致相似,纵波、转换波剖面上具有相同接触关系的反射同相轴所对应的时代地层应当完全相同。因此,地层层序的不变性可作为多波层位对比的原则。相似的波组关系,地震反射同相轴的尖灭现象可作为多波层位解释的标志。事实上,只要上下地层介质间存在波阻抗差,年代地层内部的岩性界面也会产生反射波,波阻抗差越大,反射波的能量越强。一般情况下,相邻年代地层间因沉积环境和后期压实作用不同,使介质的密度不同,波的传播速度不同。在年代地层内部,由于海进、海退沉积环境不同,或上下地层间后期充填物、胶结物的不同均可构成具有波阻抗差的岩性界面,形成反射波、转换波及透射波,如果上下介质的各向异性较小,对多波地震层序的一致性对比几乎不受影响。

4. 沉积特征相同

地震相可以直接表征沉积相,根据地震相的划分原则,具有相似地震响应特征的单元划分为同一地震相。

根据地震反射结构的几何形态内幕、外部、接触关系划分地震相，见表 12-1。如下侏罗统自流井组介壳灰岩、下三叠统嘉陵江组嘉一——嘉三段云岩、飞仙关组鲕粒滩、上二叠统长兴组生物礁、下二叠统茅口组深灰—灰褐色灰岩和生物碎屑灰岩、中石炭统白云岩及灰岩、下寒武统龙王庙组颗粒滩相（较连续、中强-强振幅、亚平行反射）、上震旦统丘滩相储层（不连续、弱-中振幅、杂乱反射）地震相等。

表 12-1　根据地震反射结构划分地震相

几何形态	结构特征	发育区块
内幕	平行、亚平行、发散、前积、杂乱、无反射	川中地区河道砂
外部	席状、楔状、滩状、席状披盖、透镜体、丘形、充填形	川东北地区礁滩
地层接触关系	整合、假整合、平行不整合、角度不整合、超覆、削蚀	川东地区石炭系

根据地震反射同相轴的振幅、频率、相位、同相轴连续性划分地震相，见表 12-2。可以表述为：中强振幅低频前强后弱，较连续反射地震相等。根据钻井标定不同的地震相代表不同沉积相。相同地震相的纵波、转换波反射对应同一沉积相。因此，地震相特征一致性可作为识别纵波、转换波相同地质层位的对比原则和对比标志。

表 12-2　根据地震反射特征划分地震相

振幅	频率	相位特征	同相轴连续性	发育层系
强	高频	强、双强、前强后弱、前弱后强	连续	下二叠统
中强	中频	中强	较连续	龙王庙组
弱	低频	弱、双弱	强弱变化、杂乱	长兴组生物礁

5. 地层结构特征不变性

多分量剖面上均存在微细异常结构，这些微细异常结构通常为随机的。微细结构在各分量剖面上表现形式不尽相同，排除了随机干扰的可能，真实地反映了地腹地质结构，例如微小透镜体、局部薄层、微小断裂、尖灭点或突起点的绕射，古河道等。

微细结构也有可能反映某一沉积相特征，对于具体的研究区或某条实际剖面的纵波、转换波剖面而言，特征不一定会同时出现，甚至有时表面上看来两种剖面上的波组关系并不相似。

在多波资料同相轴的对比追踪时，比纵波解释的难度大一些。在相同的地质条件下，纵波和转换波的动力学、运动学特征在地震反射剖面上存在明显差异，根据多波资料的特点。通过建立的多波层位追踪对比原则，较为实用而有效的多波层位解释方法主要分为三种。

1）反射特征相似性对比

转换波剖面在地层厚度较大、岩性相对稳定、主要目的层波阻抗差较大的区块，可以根据纵波与转换波地震反射能量、波形、波组、波系特征的相似性对转换波剖面进行初步地质层位追踪对比，为转换波的层位标定确定大致范围。特别是在多波资料信噪比较高、非均质性不强的局部区块，这种方法较为适用。图 12-17 为多波多分量数据利用波组特征相似性对比方法确定的转换波地质层位。从大安寨底至须底纵横波构造形态基本一致，纵波剖面上各标志层在转换波剖面上能找到与其对应的同相轴，波组波系之间对应性较好。该方法能很好地将各标志层引入到转换波剖面上，完成转换波剖面标准层的追踪对比。

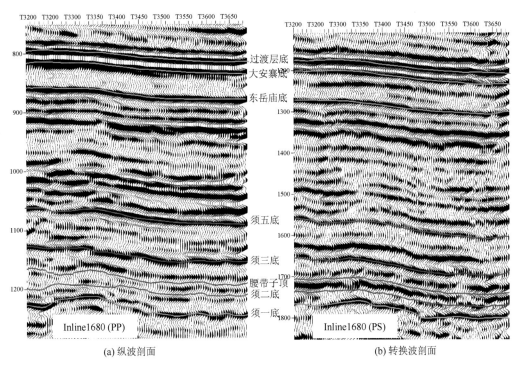

(a) 纵波剖面　　　　　　　　　　　　(b) 转换波剖面

图 12-17　纵波和转换波同相轴相似性对比剖面

图 12-18 为多波勘探区内 5 口井纵横波连井地震剖面。转换波构造形态、断层错断地层、断层发育情况都与纵波一致。

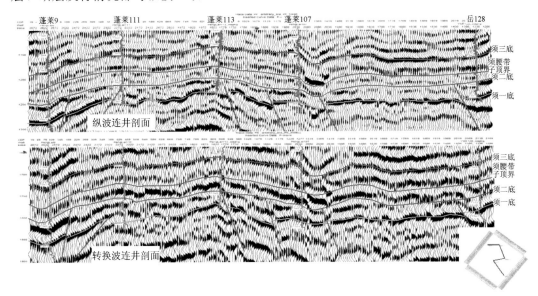

图 12-18　纵、转换波连井解释剖面

2）转换波同相轴特征对比

来自地腹同一界面的转换波，其波形特征、波组关系、波间时差等特征相对较为稳定，同样可以根据转换波的动力学特征，采用强相位、波组、波系、相邻剖面、跳线、参考辅助层等方法进行转换波剖面的追踪对比解释，利用回转波、绕射波、断面波等精细解释转换波剖面上所反映的各种地质现象，见图12-19，"须三底"为一单强反射特征，"须底"为一振幅横向变化的单强反射，"须二内部"地层横向上变化较大，地震反射同相轴能量变弱、连续性变差，可以参考纵波解释的地质界面完成转换波剖面地质层位的精细解释。

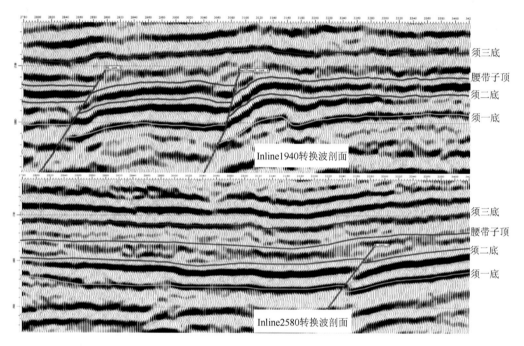

图 12-19 转换波同相轴特征对比剖面

3）多波剖面反射特征的差异性

多波解释实质上为层位追踪对比的过程，根据反射特征的差异，解释其相应的地质界面，同时对地层岩性进行分析，大致了解含流体性的横向变化情况。通过与纵、横波剖面解释结果进行比对，纵波与转换波剖面上大套的标志层根据反射特征可以确认，对于不相似的反射特征可能存在多方面的复杂因素，为多波解释需要仔细研究和重点关注的部分。通过多波资料品质好的剖面段特别是钻井附近，由浅至深建立纵波剖面与转换波剖面相当的一些地质界面，寻找纵、横波地震反射异常，见图12-20、图12-21。纵波、转换波剖面上地震响应特征差异较为明显。纵波表现为透镜状中-强反射，而转换波为单弱波峰反射，这种纵、横波反射特征存在差异时，进行储层预测时需要引起高度重视。

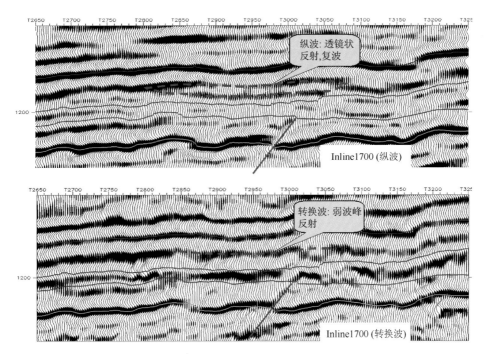

图 12-20 纵横波剖面差异剖面解释

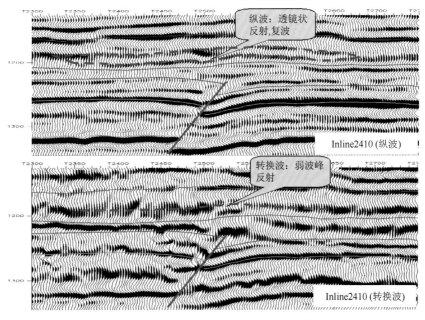

图 12-21 纵、转换波 Inline2410 剖面储层差异性对比

12.3.3 多波断层解释技术

在同一构造上，由于纵波与转换波传播方式不同，其纵、横波地震响应特征可能存在一定的差异。通过近几年对多波资料的研究，在纵、横波剖面上断层主要有几个方面的特征。

（1）断距较大的断层，纵波上下盘时差大于 12ms 时，纵、横波剖面上断层较容易识别，两者断层形态接近；纵、横波断层附近速度比关系正常，但由于横波速度较低，通过同一地质界面转换所用时间较长，上下盘时差较大。

（2）断层断距较小，纵波上、下盘时差小于 9ms 时，纵波剖面显示有断层，而转换波剖面因分辨率低不能识别断层，使得纵波解释的断层规模大于转换波解释的断层规模。

（3）纵波上下盘时差在 9～12ms，纵波能清晰识别断层，而转换波同相轴仅有微小错动，断点不明显。

对于第一种情况，断层解释相对较为简单，根据剖面上断层特征，即断面波、波组变化、同相轴错断等标志识别断点，纵波剖面上没有解释出断层，通过对提取的相干属性切片进行分析，可以在转换波剖面上精细地解释断层。

对于断距较小断层和时差在 9～12ms 的断层，首先解释纵波剖面上已反映出的断裂；对转换波剖面，可以利用分频扫描技术，将转换波剖面分成低频、中频和高频 3 个频段，观察在高频段是否有断点，确定断层的可靠性。

正演楔形模型认为地震分辨率的基本极限为 $\lambda/8$，考虑纵波主频为 45Hz，"须二段"纵波的平均速度 4800m/s，转换波主频为 25H，"须二段"横波的平均速度为 2850m/s，双程反射时间 5ms，纵波可以最小分辨出 13m 的薄层，转换波可以分辨最小的薄层为 18m。表 12-3 为研究区纵波和转换波对断层识别能力的统计表，纵波共解释 24 条断层，而转换波仅识别出 15 条断层。

表 12-3　研究区纵波（PP 波）和转换波（PS 波）断层识别能力统计表

	PP 波起始线号	PS 波起始线号	纵波时差关系对 PS 波识别断层的影响		PP 波起始线号	PS 波起始线号	纵波时差关系对 PS 波识别断层的影响
断层 1	2470～2650	2470～2640	>3ms，PS 有错动	断层 13	1810～1920	1860～1910	9～11msPS 有扰动，>14ms 时差关系正确
断层 2	2420～2640	2410～2600	2410 处纵横波时差都是 10ms；<12ms，时差关系不正常	断层 14	1600～1770	1600～1730	<9ms，PS 波连续，9～12ms 有扰动，
断层 3	2560～2700		5～9ms，PS 无断层	断层 15	1630～1700	1620～1710	PP 波时差在 12～18ms
断层 4	2620～2724		PP：6～12ms 时差，PS 有微弱错动	断层 16	1920～2050	1920～2040	PP 波时差 13～18ms
断层 5	2350～2600	2360～2480	<9ms，PS 连续，12 有扰动，>12 断	断层 17	1540～1650		PP 时差 4～11ms
断层 6	2260～2360	2270～2350	PP：11～19ms，断层规模一致	断层 18	2010～2050		发育与研究区边缘，受 PS 波成像质量影响
断层 7	2210～2370	2230～2350	PP：8-20ms，8-12ms 时差关系异常	断层 19	1590～1630	1580～1620	PP 波时差 10～17ms
断层 8	2290～2360		PP：3～7ms	断层 20	1259～1490	1259～1520	PP 波时差 10～36ms，PS 波发育规模相当
断层 9	2250～2360	2220-2410	发育与研究区边缘，PS 波剖面信噪比低	断层 21	1930～2070		PP 波时差 4～10ms，PS 波断点不易识别
断层 10	1550～1590		PP：3～7ms	断层 22	1370～1410	1360～1420	8～12ms，发育研究区边缘，受 PS 波成像质量影响
断层 11	1970～2090		研究区边缘，受 PS 成像制约	断层 23	1300～1430	1259～1400	14～27ms
断层 12	1910～1990		研究区边缘，受 PD 成像制约	断层 24	1740～1970	1750～2010	PP 时差较大，18～27ms，PS 波规模大

　　从表 12-3 中可以看出：纵波断层上下盘时差 4～9ms，转换波同一位置同相轴连续，不能识别断点，见图 12-22；纵波断层上、下盘时差在 9～12ms，转换波同一位置同相轴有微弱错动，可以不解释断层，见图 12-23；转换波上、下盘时差明显大于纵波上、下盘时差，保持正常的时差关系，见图 12-24。

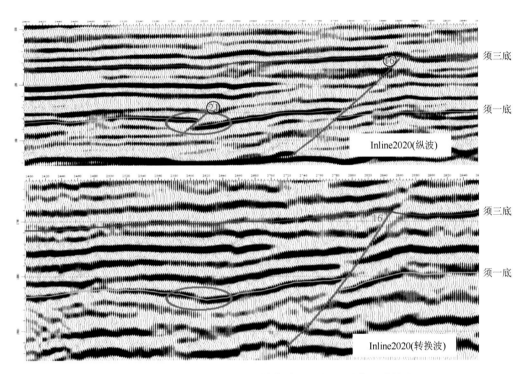

图 12-22　纵波为㉑号断层，转换波同一位置无法识别断层

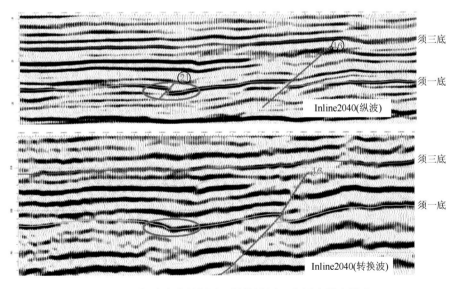

图 12-23　纵波为㉑号断层，转换波同一位置为微小错动

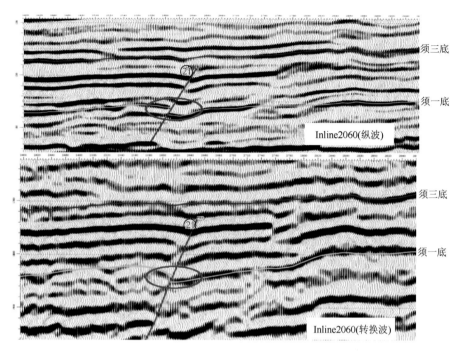

图 12-24 纵波的㉑号断层，转换波同样也能解释该断层

纵、横波断层的展布规模没有明显差异，纵波断层展布规模小于转换波。如图 12-25，（a）图为纵波，（b）图为转换波，从图中可以看出转换波的断层展布规模明显大于纵波。㉖号断层在 inline1590 处，纵波和转换波上、下盘错动明显断距较大，在 inline1580 处，纵波无明显的断层，而转换波断层的断点清晰可靠。因此，利用转换波地震资料解释断层，对断层的空间展布规模展示得更为清楚，弥补了纵波断层解释的不足。

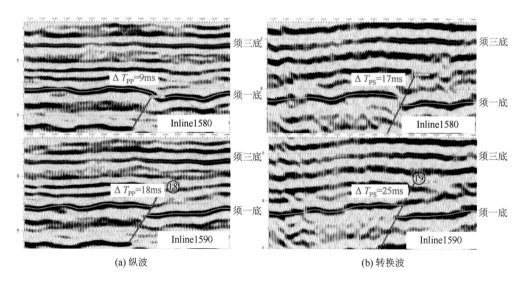

图 12-25 转换波断层展布大于纵波断层展布规模

　　图 12-26 为纵波、转换波断层展布规模相当的情况。⑭号断层在 inline1600 处纵波和转换波上、下盘错动明显，断距较大，而在 inline1590 处，纵横波断层同时消失。

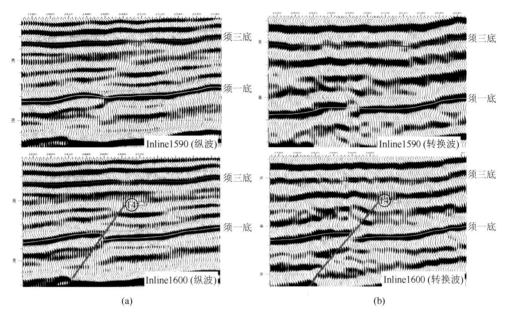

(a)　　　　　　　　　　　　　　　　　　　　(b)

图 12-26　　纵波、转换波⑭号断层展布规模相当

　　图 12-27 为纵波断层展布明显大于转换波情况，③号断层在 inline2610 处纵波上、下盘错动明显，断点清晰；而在同一位置的转换波剖面上同相轴连续，未发生错动。依据尊重剖面为原则，在转换波上不能解释为断层，因此③号断层的解释规模用纵波明显大于转换波。将该转换波剖面进行单频扫描，主频大于 35Hz 才能解释出断层，见图 12-28。

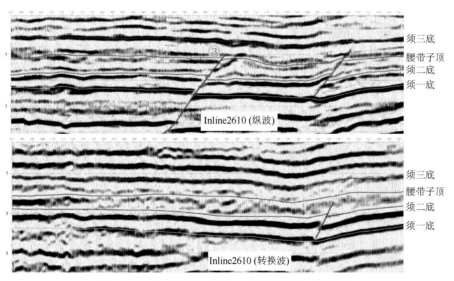

图 12-27　　纵波断层展布大于转换波断层展布规模

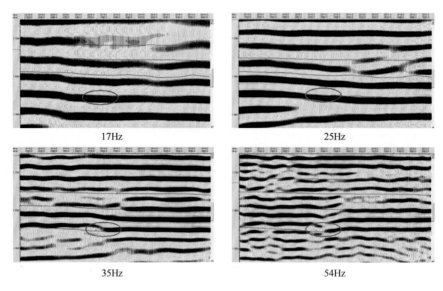

图 12-28　inline2610 分频扫描结果

12.3.4　多波地震资料匹配技术

在多分量地震勘探中，纵波的传播速度大于横波的传播速度，也大于纵波入射、横波反射的转换波速度。纵波深度界面零偏移距双程旅行时比横波短，它们最大的特点就是同一地质界面对应的旅行时不一样。这一特点给后续多波属性、联合反演、储层响应模式建立等工作带来了一定困难，很难通过未经过匹配的多波剖面把属于同一地层的纵横波信息联系起来。在做储层预测工作之前，必须对纵横波地震资料加以匹配。

在时间域内对来自同地腹一地质界面的纵波和转换波的地震反射同相轴进行匹配，关键是如何匹配纵波和转换波的能量差异、地震反射同相轴的旅行时、相位差异等，必须对多波的时间、能量、相位进行校正。

纵波与转换波对于地腹同一地质界面上的反射系数存在一定差异，但同一构造的主要标志层所代表的岩性界面完全一致，如四川盆地的"须底、茅顶、五峰组底、寒底"4 个标志层。根据纵波、转换波共同的标志层，求取转换波的压缩比例因子，使纵波与转换波剖面建立起标志层的对应关系，完成对转换波标志层的追踪对比解释。多波资料的匹配流程，见图 12-29。

1．能量匹配

由于纵、横波传播方式及传播速度存在较大差异，转换波的速度较慢，所以能量较弱，而纵波和转换波的处理流程也不同，怎样建立纵波和转换波的能量对应关系，通常在联合解释纵、横波剖面之前，必须对转换波的反射能量进行调整。利用已经获得的弹性参数，通过对多波的波场模型正演分析，求出纵、横波剖面能量大致相似的关系式；利用已知井数据建立区内的地质模型，根据地震数据主频及子波的特征，通过计算纵波 CMP 道集和转换波 CCP 道集的平均总能量，获得纵波道集能量及横波道集的能量大小，确定出 CCP 能量校正的系数 k（$k = R_{\mathrm{P}}/R_{\mathrm{PS}}$）；利用 k 值对 CCP 道集进行能量匹配，使纵、横波剖面能

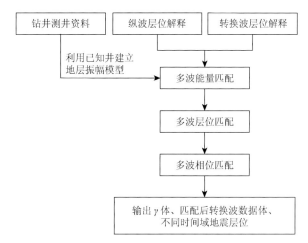

图 12-29 多波资料匹配技术流程

量关系基本相似，利用相同方法可以计算纵波与转换波叠后剖面的能量关系，对纵波与转换波叠后数据的能量进行匹配。

图 12-30 为研究区纵波与转换波能量匹配前的数据。纵波振幅能量级约为 6500，而转换波振幅能量级约为 0.004，两者能量差异较大。

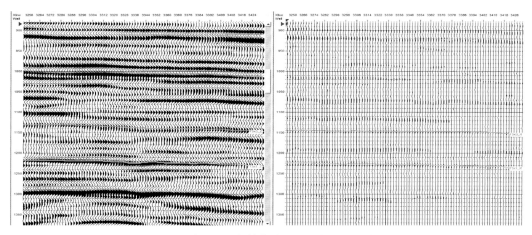

图 12-30 纵波（左）与转换波（右）能量匹配前对比图

如图 12-31 所示，经过能量匹配后的纵、横波剖面对比分析可以看出，对转换波数据各个样点乘以比例系数后，转换波振幅明显增强，波组特征更为清楚。与纵波剖面特征保持了正常的能量比例关系，为后续的相面法定量预测打下了良好的基础。

2. 时间匹配

由于转换波速度低于纵波速度，来自地腹同一地质界面的反射，在纵波和转换波剖面上到达的时间也是纵波快于转换波。只有对来自地腹同一地质界面地震反射同相轴的 t_0 值进行匹配，才能进行多波联合解释。通过纵、横波速度比 γ_0（$\gamma_0 = Vp/Vs$），对转换波剖面的反射时间校正到纵波剖面的反射时间，达到纵、横波地震反射时间匹配的目的。

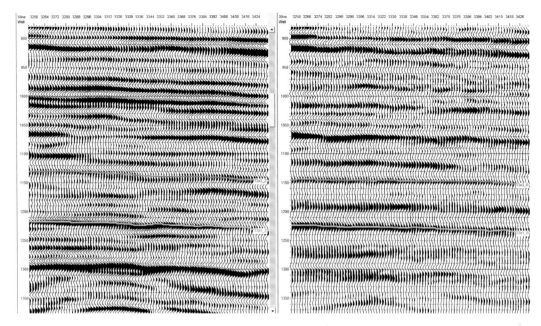

图 12-31　纵波（左）与转换波（右）能量匹配后对比图

3. 层位匹配

层位匹配实质上是准确求取速度比 V_0（$V_0 = V_p/V_s$）的问题。需要注意的是：V_0 为平均速度比，通常在叠后剖面上求取纵、横波速度比，在纵波和转换波剖面上选定标志层，利用相关方法求取标志层之间的速度比，根据纵波反射时间压缩转换波的反射时间。

图 12-32 为利用纵横波 5 个地震层位"东岳庙底、须三底、腰带子顶、须二底和须一底"所求取的平均 V_0 场，速度比场横向连续，纵向变化均匀，值范围在 1.8～2。图 12-33 为纵波（a）与转换波（b）层位匹配效果图。

如果将地质界面的反射系数序列、振幅谱近似为白噪声，那么地震道的振幅谱与子波的振幅谱应该大致相似。将地震道的振幅谱视为子波的振幅谱，经希尔伯特变换将子波的振幅谱变换为最小相位子波，利用最小相位子波再经 Z 变换求取出振幅谱的子波序列。

多波求取子波振幅谱的方法：

（1）对地震道振幅谱曲线通过一定的平滑，剔除叠加在子波振幅谱曲线上的异常值，获得较为光滑连续的子波振幅谱曲线，

（2）求取相邻地震道振幅谱的几何平均值或算术平均值，对影响振幅谱的反射系数因素进行消除，获得其子波振幅谱曲线。

（3）通过频谱分析获得地震道振幅谱及相位谱。地震反射系数序列的振幅谱可视为叠加在子波振幅谱之上的高频信息，分布在地震道振幅谱的高频段；子波振幅谱主要分布在低频段，通过带通滤波剔除高频成分，即可获得子波的振幅谱。图 12-34 为利用纵、横波速度比 γ_0 进行层位匹配后地震剖面效果图。通过层位匹配后，消除了转换波旅行时差，将转换波时间域压缩至纵波时间域，转换波视频率增加，各标志层对应性较好。

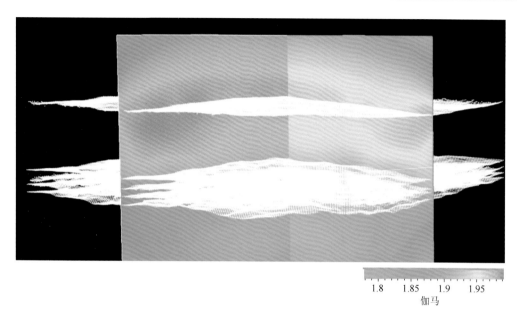

图 12-32　利用纵波和转换波 5 组层位求取的 γ_0 场

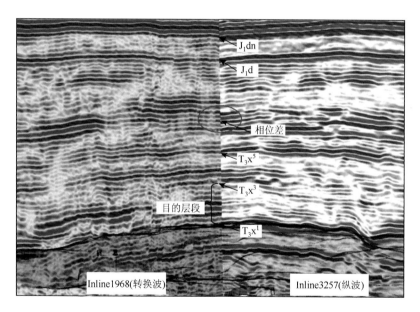

图 12-33　纵波（a）与转换波（b）层位匹配效果图

4. 相位匹配

通过对纵波与转换波相位匹配处理后，可能导致转换地震数据的波形发生变化。假设地震反射系数的频谱满足"白噪"条件，则纵波与转换波反射同相轴经匹配处理后，转换波地震数据的振幅谱通常可以用转换波记录子波的变化来表示。纵波与转换波地震数据波形一致的处理核心，实质上即对转换波的地震数据子波及相位进行整形处理。

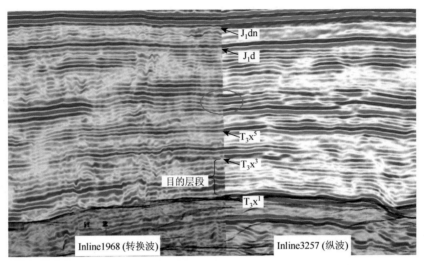

图 12-34　纵波（右）与转换波（左）相位匹配效果图

地震道为反射系数序列与子波的褶积，如果已知反射系数序列，可以通过地震道求取地震子波。而反射系数序列通常是未知的，将测井曲线（非常有限）视为反射系数序列，仍不能满足所有多分量的高频段，只有利用反傅氏变换获得子波振幅谱。

通过提取地震道的统计子波进行整形。分别提取纵波和转换波地震记录子波；通过纵波、转换波子波计算最佳滤波因子；以纵波的波形为参考，对转换波进行整形滤波及零相位化处理。如图 12-35 为经过相位匹配后取得的效果，图 12-36 为匹配的相位时差分布情况。通过相位匹配后，纵、横波的波形特征、波组关系基本一致，主要目的层之间无明显的相位差，纵、横波剖面上的各反射层波形特征、波组关系匹配较好，以保证联合反演、属性提取的精度。

做好纵、横波联合地质解释及多波反演的重要前提是对纵、横波剖面进行相位匹配，通过综合分析纵、横波剖面的差异，以保证储层预测及属性提取的精度，为勘探开发提供可靠资料。

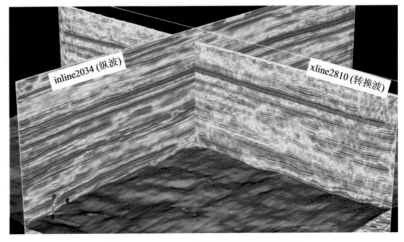

图 12-35　PL107 井区层位匹配效果图

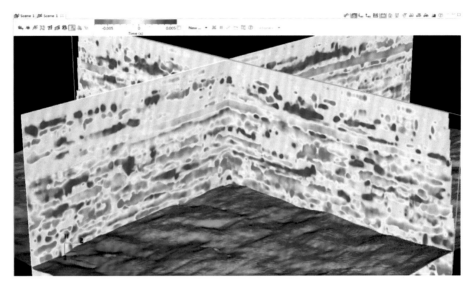

图 12-36 PL107 井区相位时差分布图

12.4 多波沉积相分析技术

利用转换波资料做沉积相分析的优势十分明显,一是不受流体的影响,更真实地反映岩相特征;二是克服了纵波纵向分辨率低的缺点,同时,转换波横向上识别地质体的能力明显优于纵波。

沉积相分析的目的在于评价研究区的石油地质生、储、盖层的分布和组合,弄清其空间配置关系,为寻找油气资源提供技术支撑。

12.4.1 多波沉积相解释技术

(1)利用层序地层学原理,应用多种地质、地球物理信息构建研究区的等时地层格架。

(2)根据地层产状来获取地震数据的切片,充分利用时间切片、沿层切片及地层切片研究倾斜界面、地层厚度变化较大的平面地震属性特征。

(3)利用钻井岩芯,刻画岩性及沉积微相,通过井震标定及联井剖面对比,建立关键井岩芯与地震相平面特征的模式。

(4)结合地震属性的地貌学特征,确定研究区的沉积体系,对沉积体系类型进行划分、刻画地质体的形态。

(5)多层段高精度地震沉积学研究,建立沉积体系和沉积地质体演化模式,恢复沉积体系和沉积地质体演化历史。

(6)通过对成藏要素、油气富集程度、沉积体系、地质体类型之间的关系研究,优选岩性圈闭勘探有利区。

12.4.2　多波层序地层分析

（1）层序地层学基础。根据地质露头、钻井、测井、试油、地震资料，结合区域沉积环境及岩相资料对研究区地层作出综合地质解释。根据确定的层序及体系域地层单元，划分年代地层格架。其格架由基准面变化引起，以剥蚀面或与之对应的整合面为界，分析与油气产出之间的关系。

（2）海平面升降、构造隆拗、供给沉积的速率及古地理环境、气候等变化因素，对地层单元的几何形态及岩性特征有重要的控制作用。

12.4.3　多波层序划分

1. 地震剖面大尺度划分

利用时频分析技术进行层序划分。地层厚度变化的方向决定了时频特征值变化的方向，沉积物颗粒的粒度与沉积厚度关系密切，颗粒越粗表明沉积速度越快，其厚度越厚；反之亦然，见表 12-4。

表 12-4　时频特征的关系

时频特征	旋回类型	地层厚度	颗粒序列	沉积环境	基准面	准层序	岩相
下低上高	正旋回	下薄上厚	正粒序	水进	上升	退积	变深
下高上低	反旋回	下厚上薄	反粒序	水退	下降	进积	变浅

时频分析方法有：傅里叶变换、小波变换、S 变换等，最常用的为 S 变换。利用时间及频率对信号的强度和能量密度进行描述。通过对研究区进行时频分析，建立起区内的大尺度层序旋回结构。

根据 S 变换，对地震数据井旁道做时频分析，可见明显正旋回特征，见图 12-37。

2. 测井曲线小尺度划分

根据测井解释资料进行基准面旋回的识别，往陆地方向推进的退积短周期旋回叠加，形成中期基准面的上升期。沉积物供给速率（$A/S>1$）小于可容空间增长速率，上覆沉积旋回的特征与下腹沉积旋回特征相比，其砂泥比值下降，泥岩的厚度增加，反映出可容空间增大；反之亦然，见图 12-38。生产和科研的实践证明，测井自然伽马曲线识别基准面旋回，比时频分析成果的分辨率更高。

根据自然伽马曲线的变化趋势（图 12-39、图 12-40），识别出向上变粗或向上变细的序列，据此推断基准面的变化，在此基础上划分体系域和层序。研究区可以划分出 2 个测井层序和 2 个体系域界面。

3. 测井层序划分

测井层序 1：层序体系域发育不完整时，低水位期沉积缺失，由高水位和湖侵体系域组成，相当于四川盆地川中地区上三叠统须家河组须一段的岩石地层单元。

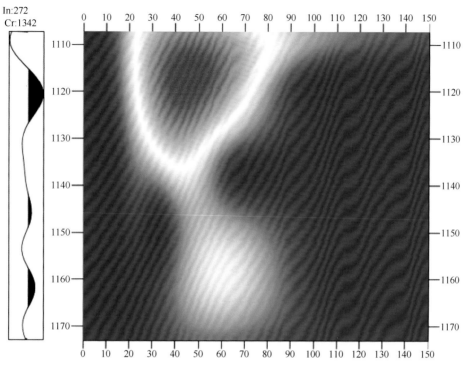

图 12-37　对井旁道进行时频分析效果

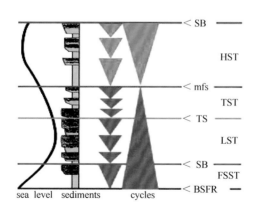

图 12-38　海平面、沉积层序、旋回与体系域的关系

测井层序 2：层序低水位体系域主要由厚层—块状砂岩组成，中下部为含泥质夹层，测井曲线总体表现为加积或进积型，相当于四川盆地川中地区上三叠统须家河组须二段岩石地层单元。

通过对上三叠统须家河组"须二—须一段"主要反射界面进行追踪、对比，划分出 4 个层序、体系域界面。其中，层序界面 2 个，自下而上依次称为 SB1、SB2；体系域界面 2 个，为 FS1 和 MFS1，见图 12-41。

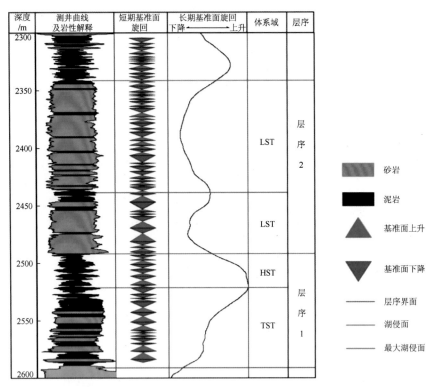

图 12-39　PL111 井"须二—须一段"测井层序解释

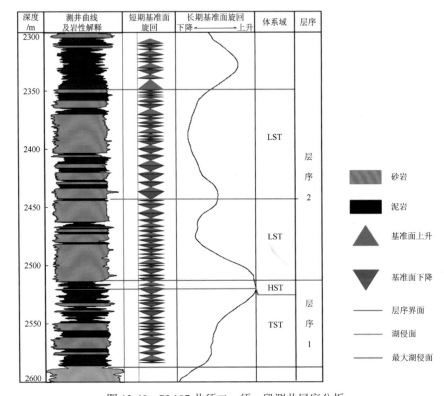

图 12-40　PL107 井须二—须一段测井层序分析

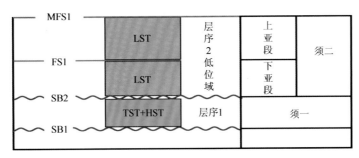

图 12-41　PL107 井须二—须一段地震层序和体系域划分

SB1 为上三叠统须家河组底界，在地震反射剖面上表现为单强反射。SB1 界面受印支运动影响，表现为剥蚀面，其下伏地层遭受强烈的风化剥蚀，界面凹凸不平，可见许多侵蚀陡坎，上覆地层表现为上超填平补齐，见图 12-42、图 12-43。

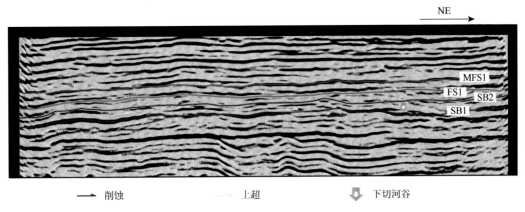

——▶ 削蚀　　　—— 上超　　　⬇ 下切河谷

图 12-42　SB1 上超、削蚀、下切河谷的地震响应特征（T3400）

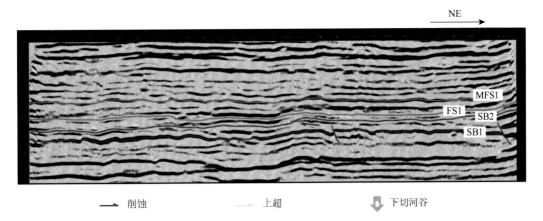

——▶ 削蚀　　　—— 上超　　　⬇ 下切河谷

图 12-43　SB2 的上超、削蚀、下切河谷的地震响应特征（T2600）

SB2 界面为上三叠统须家河组须二段底界，地震反射剖面上表现为中—弱波谷反射，连续性相对较差，层位对比追踪较为困难。该界面上覆地层表现为上超充填，下伏地层存在明显的削蚀。

FS1 界面相当于上三叠统须家河组须二段中下部，蓝灰色泥岩"腰带子"的顶界，地震反射剖面上反射特征为中—弱的波谷，介于 SB2 与 MFS1 之间的地震层序 2 低位域，为须家河组第二个层序的低位体系域，其中"须二段"上亚段为目的层，厚度上呈现自北东往南西逐渐加厚，可见多个前积体反射，解释为低位域楔形体，见图 12-44。

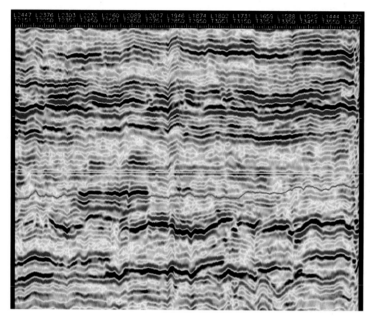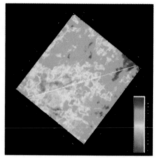

图 12-44　须二上亚段楔状体

4. 地层切片制作

地层切片的方法：手工拾取要求解释人员逐道追踪地震同相轴，沿环形闭合网络追踪层面。计算机自动追踪是指计算机基于相似性、互相关性或者振幅极限值（波峰或波谷）来拾取地震反射同相轴。拾取方式倾向于形成无极性倒转的地层切片。除了不能拾取的地方外，所有振幅均为正值（波峰）或负值（波谷）。尽管可能导致振幅图像发生极性倒转。来自沉积层序内部的地震反射波是沿横向上连续的地层界面形成的，并且具有较大的波阻抗差。因为设定地层界面几乎形成于瞬间残余沉积界面或者层面，可以假定这些界面是具有年代地层意义的。

同相轴的穿时性：通常为地震反射同相轴的不整合面，可以划分层序边界，见图 12-45。

5. 同相轴产生穿时的原因

（1）由于地层较薄，薄层的顶、底反射不能用波峰和波谷来表征，其顶、底反射相互干扰形成单一反射同相轴。当砂、泥岩互层时，即使砂、泥岩之间的界面检测不到，振幅也会随厚度的增加发生变化。在低频地震资料中，多个沉积界面表现为数量较少的同相轴，一般追踪强反射能量的同相轴。高阻抗层和低阻抗层的互层模型证实薄互层很薄时，产生穿时地震反射同相轴。

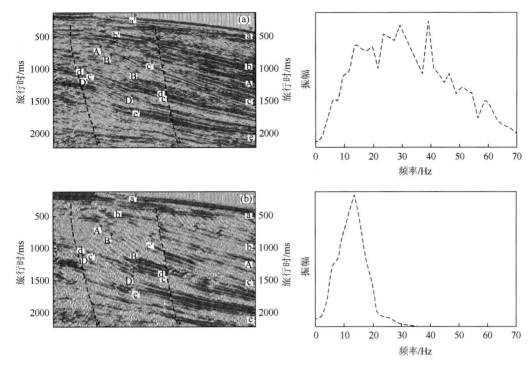

图 12-45 地震反射同相轴的穿时性

（2）由于地层厚度的突变或地质异常体的叠置，形成来自不同沉积界面的不同反射段所组成的地震反射同相轴。该叠置模式在很多沉积环境中比较常见，因为其存在的唯一必要条件是相似规模岩相的单向迁移，例如河道的改道、加积、前积或者海侵，多见于河控三角洲、前积障壁（潟湖系统）、海侵滩脊及障壁岛等。

6. 同相轴的频率

地震波形是频率的函数。某研究区某井的反射系数序列可与峰值为 12.7～400Hz 的雷克子波系列相褶积，见图 12-46。即使有 400Hz 的子波存在，但是许多薄层还是不能被分辨出来。如果把 400Hz 地震道的波谷做上标记，可以发现这些波谷中的一部分正好指向较低波阻抗层的顶部（反射系数曲线中的负脉冲，虚线）。然而，这些波谷在旅行时间上偏离了层顶界（实线），因为这些薄层超出了地震分辨率范围。如果子波的峰值频率低于 400Hz，更多和更厚的层会成为地震薄层，来自层界面的时移也会增加。而这个过程中，越来越多的地层由于破坏性调谐作用的影响而分辨不出来，表现为地震反射同相轴的数量减少。建设性调谐作用加强了较厚层的反射，反射同相轴倾向于沿着那些建设性调谐厚度范围内的波阻抗异常体分布。如果将波谷解释为较低波阻抗层的顶部（图中合成记录剖面中的虚线），会随着频率的改变而改变。事实上，可能存在很多可能的波阻抗层，它们中的每一种都可能与合适的子波作用产生不同的地震响应。从褶积的观点来看，地震同相轴沿着波阻抗层或者岩相单元（如果与波阻抗相关）伸展。如果地层中没有岩相的横向变化，地震反射同相轴可能与时间地层单元重合、平行或斜交，这取决于频率的岩相的规模。

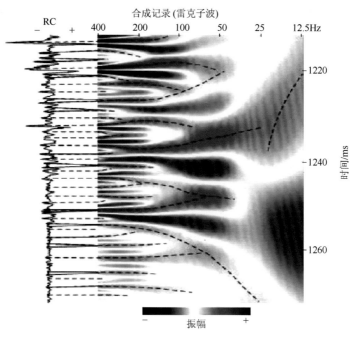

图 12-46　同相轴产状是频率的函数

　　地震波形为频率的函数,在陆相盆地,大多数情况下受地震分辨率的限制,地震反射表现为杂乱无章,因此并不具备严格的等时意义。地震反射同相轴的地质含义受地震反射频率的影响较大,只有地震反射同相轴不随频率发生变化,才具有相对的等时意义。

7. 等时地层切片

　　选择等时的标志同相轴,应当选择区域岩性界面所对应的地震反射标准层。进行选择性系列滤波,为检验地震同相轴年代地层性质的简便而又有效的途径。地震反射同相轴相当于某一地质界面,其不同频率下产状相对不变,见图 12-47。

　　多数情况下,不随频率变化的地震反射同相轴也是地震剖面中连续性和相关性最好的同相轴。这些同相轴中振幅很强,不需要通过系列滤波,直接将其作为标志层。如果标志同相轴延伸到岩相急剧变化的地层时,可能存在解释风险。

　　拾取标志地震同相轴时,必须分析构造、断层、沉积以及角度不整合等复杂地质条件。尽可能选择有代表性的地质界面所对应的地震反射标准层(同相轴)。然而,在一些层段中,如果缺乏标志同相轴制作地层切片,利用多波提取的等时切片,实际上为相对应的等时沉积界面。选定了标志同相轴,在两个同相轴之间采用线性内插函数来建立地层时间模型,内插函数应根据地层接触关系和发育特点来确定。

　　插值的方式一般有三种,见图 12-48。分别对应不同的地质条件。结合研究区实际情况来确定,按第三种方式,所得切片如图 12-49 所示。

8. 切片沉积解释

　　切片沉积解释的流程,见图 12-50。

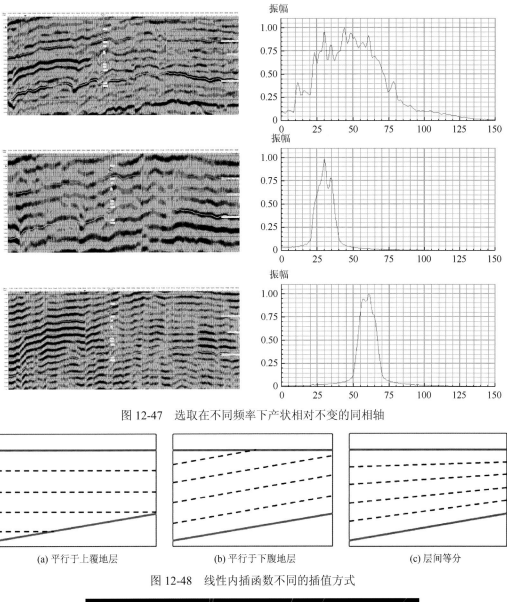

图 12-47 选取在不同频率下产状相对不变的同相轴

(a) 平行于上覆地层   (b) 平行于下腹地层   (c) 层间等分

图 12-48 线性内插函数不同的插值方式

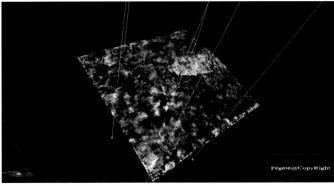

图 12-49 地层切片

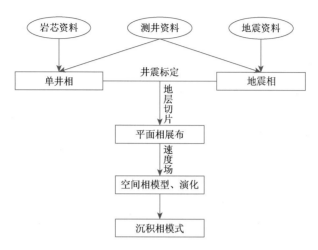

图 12-50　切片沉积解释流程图

测井相解释：利用能够表征地层特征的测井响应特征，分析测井曲线的各种变化情况，参考测井解释成果，根据地层剖面划分出测井相，结合岩芯等资料对测井相进行标定，寻找出测井相与沉积相的对应关系。

测井相的数据向量中，两种向量不一定就存在对应关系，特别是测井资料中的地化指标等往往不具有确定性，在各自区域沉积背景下，通过统计分析划分沉积亚相、微相。如四川盆地上三叠统须家河组为陆相沉积地层，研究区主要目的层"须二段"属于三角洲前缘亚相沉积，见图 12-51。

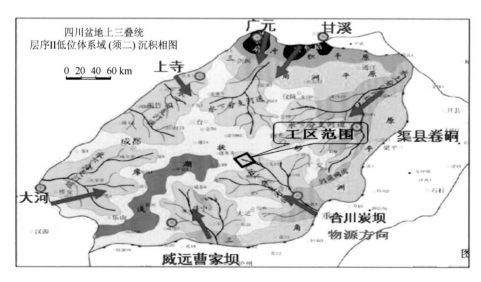

图 12-51　研究区"须二段"属于三角洲前缘亚相沉积

根据区域沉积环境，进一步划分沉积微相。通过建立沉积相模型，主要依据构造、岩性、结构、粒度、古生物、颜色、等指标和垂向的相序特征进一步划分沉积微相。在区域沉积背景上，根据沉积构造、岩石组分、粒度、垂向相序的特征，分析各种沉积微相中存在的明显差异。利用测井资料中的各种曲线特征及处理成果解释沉积微相，根据特征明显的相标志，如冲刷面、层理类型、纹理、层系产状、垂向变异特征等，结合岩石组合的类型及结构、垂向序列（正粒序、反粒序、杂乱粒序、无粒序）、古水流方向等划分沉积微相。

利用测井曲线划分沉积相，研究测井沉积学特征，建立各种沉积相与测井相标志模型的对应关系，进一步划分沉积微相。在不同的沉积环境下，因为物源、水动力条件、水深等条件的不同，必然导致沉积物组合形式和层序的不同。测井曲线形态存在较为明显的差异。

伽马曲线的箱形特征：表征其环境沉积相对稳定，沉积过程中的物源丰富、水动力条件相对稳定的快速堆积。

钟形特征：反映水动力条件逐渐减弱，物源逐渐减少。

漏斗形特征：与钟形相反，水动力条件逐渐增强，为水退的反粒序沉积，物源逐渐增多。

复合形特征：反映水动力条件发生转变，由两种或两种以上曲线形态的组合特征。每一种沉积微相的测井曲线形状的变化反映其沉积环境的改变，见图12-52～图12-57。

曲线类型	GR曲线	岩性特征	解释
钟形		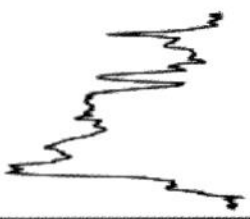 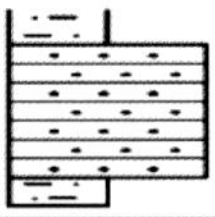 正粒序结构 上部渐变 底部突变	分流河道
（锯齿状）箱形		 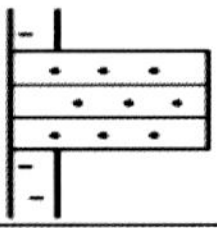 块状结构 顶底突变	分流河道
漏斗形		 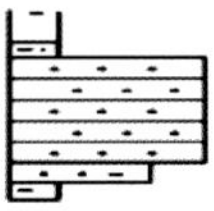 逆粒序结构 上部突变 底部渐变	河口砂坝 滨湖砂坝
钟形+漏斗形		 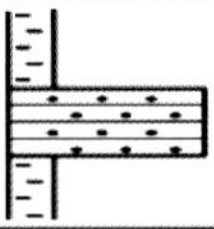 中-细砂岩 与上下泥岩 均呈渐变接触	河口砂坝及 远砂坝
漏斗形+钟形		 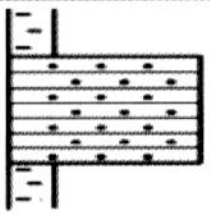 中-细砂岩 逆粒序不明显	河口砂坝及 水下分流河道
 尖刺形、指状形	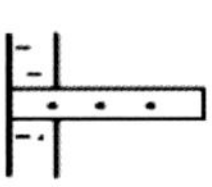	中-细砂岩 与上下泥岩 呈突变接触	滩坝席状砂

图12-52 三角洲前缘亚相测井微相

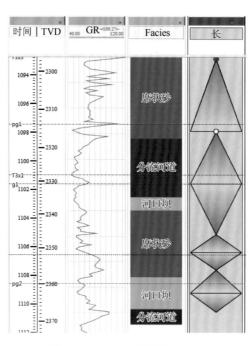

图 12-53   PL113 井测井相解释

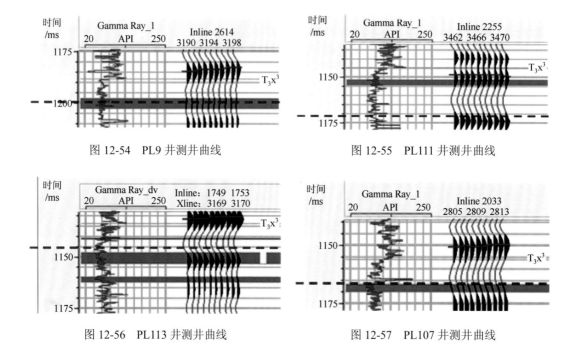

图 12-54   PL9 井测井曲线

图 12-55   PL111 井测井曲线

图 12-56   PL113 井测井曲线

图 12-57   PL107 井测井曲线

切片沉积相解释：通常利用点、线、面的方式解释平面相。将已知井的测井相投影到切片平面（点），通过过井的剖面，结合测井相投影分析地震相（线），绘制切片平面上的沉积相图。

（1）点：在切片上获取井点的时间值，选择速度体进行时-深转换，计算出时间值对应的深度值，获取深度值对应的解释过的测井相类型，获取的相类型返回到切片井点，见图 12-58。

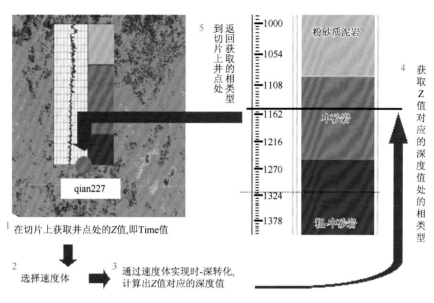

图 12-58　测井相投影到切片的示意图

（2）线：分析过井点的剖面地震相。对于构造平缓、同相轴近平行、无明显前积或不整合反射的特征，其地震相可以从振幅特征、同相轴连续性及内部结构变化进行表征。根据研究区大的沉积环境细分为河口坝、分流河道、流间湾、席状砂等沉积微相，对应的地震相见图 12-59～图 12-63。其中河道和河口坝波形强度变化大，弱-中振幅连续性差，波状或透镜状反射，在丘状相上建有槽状和上超充填。分流间湾和前缘席状砂为中-强振幅，单强同相轴，连续性好，内部呈席状反射。

地震相	振幅	连续性	内部反射结构	沉积相	实例
sf 1	强度变化大，弱-中振幅	较差	波状或透镜状，在丘状相上见有槽状和上超充填	水下分流河道，三角洲前缘	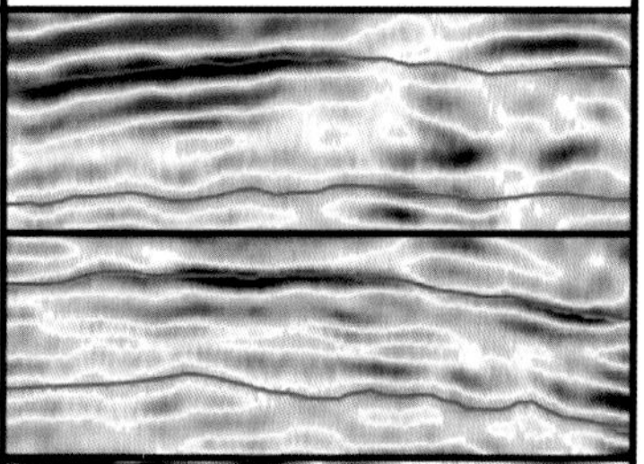
sf 2	中-强振幅，单强同相轴	好	席状	分流间湾，三角洲前缘	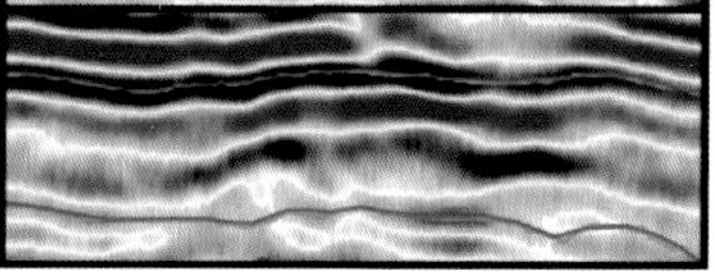

图 12-59　地震相分类

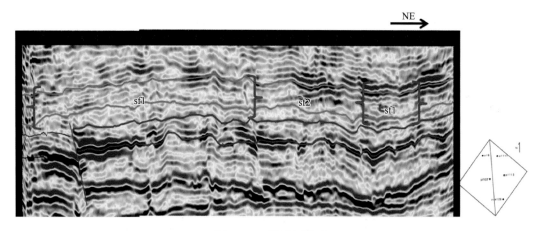

图 12-60　地震相展示

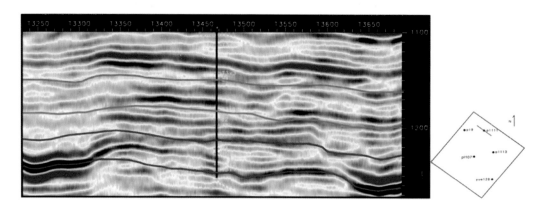

图 12-61　PL111 井旁道地震相

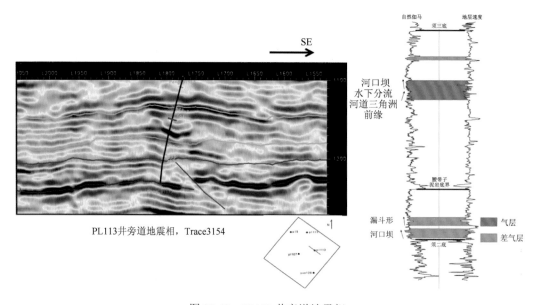

图 12-62　PL113 井旁道地震相

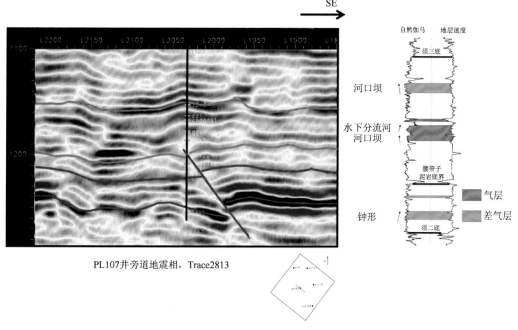

图 12-63 PL107 井旁道地震相

（3）面：根据"点"和"线"确定的相带，在切片平面上沿类似的颜色（振幅特征）绘制切片平面相解释图，见图 12-64。

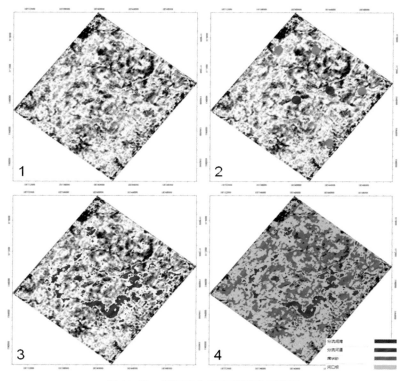

图 12-64 振幅切片平面相解释示意图

9. 沉积演化分析

将切片平面相按照由下至上、由老到新的顺序排列起来,可以分析沉积演化过程。见图 12-65,川中区块蓬莱镇构造上三叠统须家河组为三角洲前缘沉积相。从不同时期的切片,可以看出各类微相的组合和分布存在一定差异,由下至上、由老到新的顺序,1 图中的分流河道清晰,周围河道较少,显示离湖相对较远。而从图 12-66 中 1 到 2 再到 3 的过程,其河道逐渐密度加大,趋于网状河的形态,显示更接近于入湖点,离湖相对较近。整个过程显示了一个相对湖平面上升的过程,与其所处层序背景相吻合。

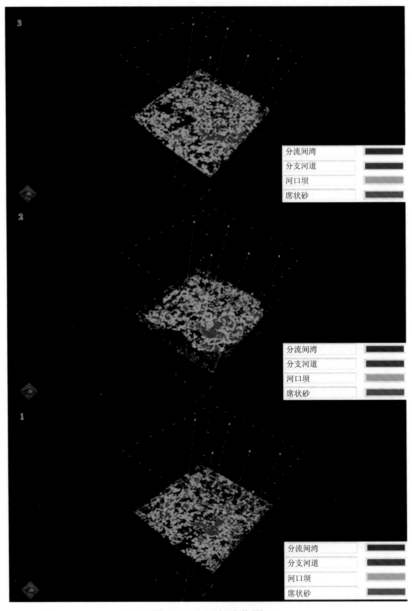

图 12-65　沉积演化图

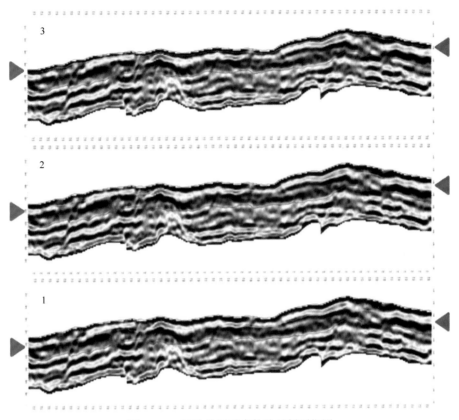

图 12-66　切片分别对应的地震剖面位置

四川盆地中部的蓬莱镇构造，上三叠统须家河组须二上亚段厚度趋势，见图 12-67，为一南西厚、北东薄的楔状体。表明为三角洲前缘亚相，可以推断研究区的物源方向为西南方向。

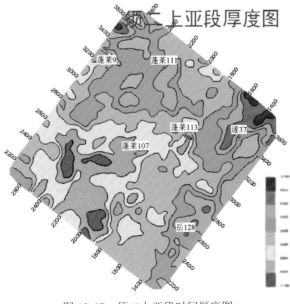

图 12-67　须二上亚段时间厚度图

由图 12-68 可见，研究区西南方有一块"舌状"分流间湾泥岩，为该区的烃源岩。河口坝和分流河道均为良好的储层。由图 12-69 可知，工业气油井 PL107 井和 PL002-3-X1 井分别打在靠近分流间湾的河口坝或分流河道上，因而获得工业产能。

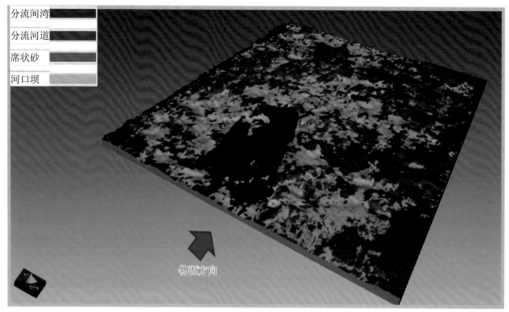

古地貌及物源方向

图 12-68　　"须二上亚段"古地貌及物源方向

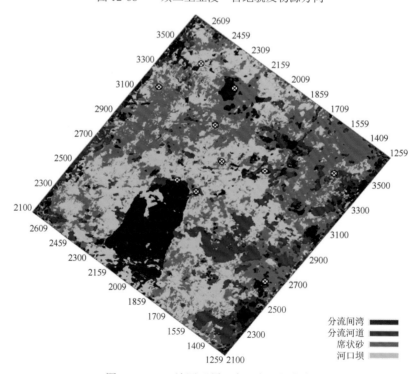

图 12-69　PL 地区"须二上亚段"沉积相

　　为避开须二上亚段舌状分流间湾泥页岩对储层的影响，优选时窗，避开该套泥页岩，对有利相带进行预测，见图 12-70。其中橙色河口坝和蓝色分流河道为有利储层。

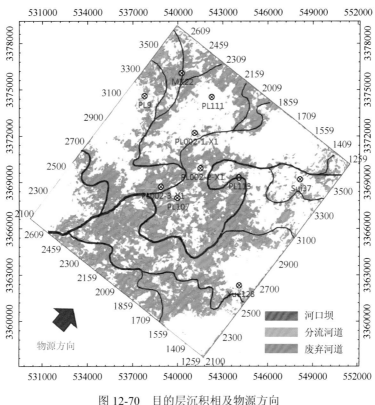

图 12-70　目的层沉积相及物源方向

12.5　多分量地震反演

12.5.1　多分量地震反演概述

　　多波勘探具有横波、转换波信息，增加了许多对储层的描述手段。将纵波、转换波的数据联合用于储层反演，增加了对反演的约束条件，降低单一纵波反演的不确定性，提高了地震反演的精度。应用较为广泛的是波阻抗或速度反演。波阻抗作为一种判断岩性的地球物理信息，为追踪某一层段、判断断层、判断生油层提供依据，估算储层的产能。进行波阻抗反演预测储层已成为常规的技术手段。多波联合反演技术已较为广泛地应用在油气田勘探开发中。

12.5.2　岩石物理参数分析及参数优选

1. 砂岩、泥岩识别

　　根据研究区"须二段"的速度、密度测井资料，对阻抗、模量、泥质含量、测井数据进行交汇分析。根据纵波及横波速度可以相对较好地分离出泥岩、砂岩样点。作为砂、泥岩识别的敏感参数，纵波速度与横波速度分界线两侧分类误判率统计表明，砂岩判别为泥岩、泥岩判别为砂岩的总数量仅占样点总数的 13%，而成功率可以达到 87%，利用速度差异可以较好地识别砂、泥岩地层。

同时使用两种参数不便于岩性划分处理，因此，设法将纵波速度、横波速度融合为一项指示岩性的参数。将纵波速度、横波速度交会图的坐标进行旋转（图 12-71），通过旋转处理后，使用新的横坐标，可以对砂、泥岩进行划分，见图 12-72。

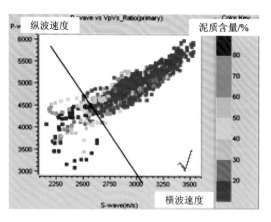
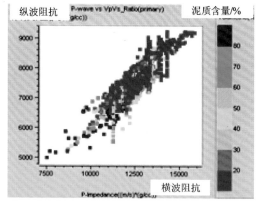
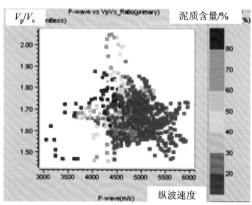
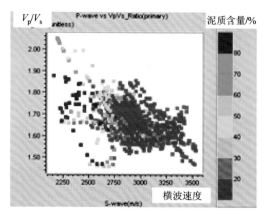
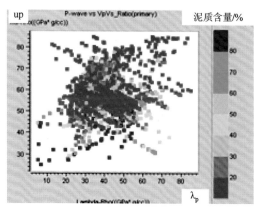

图 12-71 交汇分析图

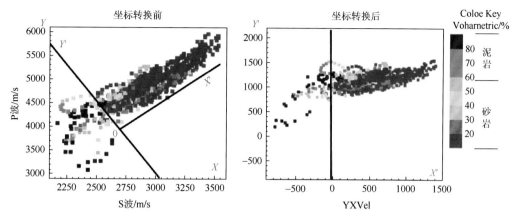

图 12-72　坐标旋转处理

2. 孔隙度敏感参数

利用区内 PL9 井、PL111 井、PL107 井、yue128 井的速度、密度、阻抗、模量等多种基础参数，对"须二段"孔隙度进行了拟合分析，速度与孔隙度的拟合趋势性较好，见图 12-73。可以将拟合方差作为区内的孔隙度敏感参数，其中纵波速度与孔隙度的拟合方差（0.054）小于横波速度与孔隙度的拟合方差（0.085）。

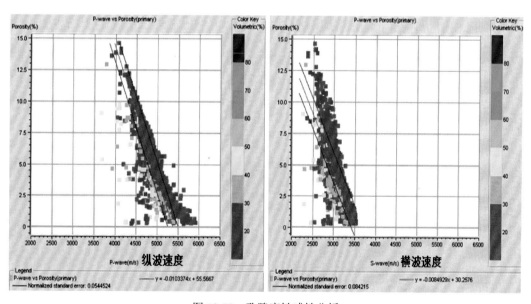

图 12-73　孔隙度敏感性分析

3. 流体敏感参数识别

对研究区"须二段"孔隙度≥6%的砂岩测井样本点的含水饱和度与速度、密度、阻抗、模量参数进行拟合，其中纵波速度拟合趋势相对较好，见图 12-74。通过将纵波速度与含水饱和度交汇分析，表明它们之间为二次函数关系，可进行含水饱和度的反演。

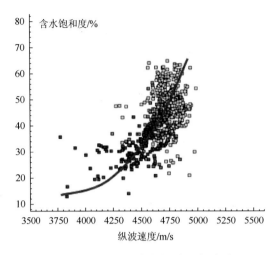

图 12-74　含水饱和度与纵波速度关系图

12.5.3　山地多波数据联合反演技术

将转换波与纵波数据联合反演进行储层预测，利用的信息更丰富，增加了反演的约束条件，降低纵波反演的多解性，可以大大地提高储层反演的精度。

12.5.4　多波联合反演流程参数

实际上，多波联合反演所使用的纵波为时间域的数据，转换波子波亦为纵波时间域的子波。其联合反演流程，见图 12-75。多波资料联合反演实例：利用四川盆地川中地区蓬莱镇多波资料进行联合反演，获得纵波阻抗 Z_p，横波阻抗 Z_s，密度 ρ 的三维数据体，见图 12-76。

通过阻抗、密度、速度的相互关系可以获得纵波速度、横波速度、纵横波速度比等三维数据体，见图 12-77。泊松比、拉梅系数等参数亦可以利用速度、密度信息经过数学变换来求取。

将纵波阻抗反演与多波联合阻抗反演对比，见图 12-78，可见整体面貌上两者较为一致，其中联合反演分辨率有所提高，纵波阻抗差异相对较小，横波阻抗纵、横向层次明显地变得更加清晰，表明横波振幅信息起到了较大作用。

通过纵波、横波速度反演连井剖面比较（图 12-79），可以看出反演剖面层次清晰，形态自然，与河流相沉积砂包泥的地质特征较吻合，可较好反映储层分布。将纵波速度、横波速度进行旋转处理，构建出岩性因子，如图 12-80 所示，对井情况良好，较好地反映了砂、泥分布。利用交汇图拟合的孔隙度关系，由纵波速度变换获得孔隙度反演结果，如图 12-81 所示，可见优质储层分布与井对应良好。利用含气饱和度的拟合关系获得含气饱和度反演剖面，如图 12-82 所示，可见含气规律高部位与高产气井对应较好。从岩性到优质储层，再到流体的反演结果表明了联合反演较好地刻画了目标层地质特征。

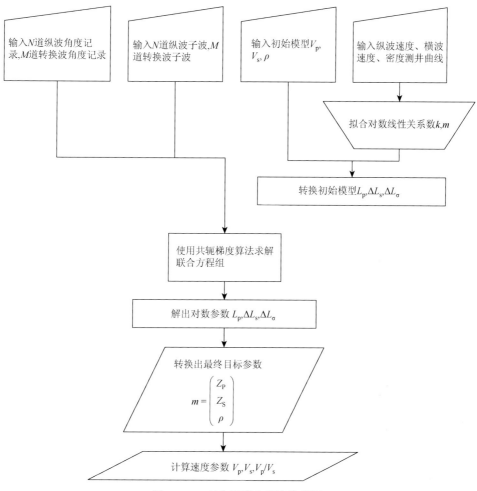

图 12-75　多分量联合反演流程图

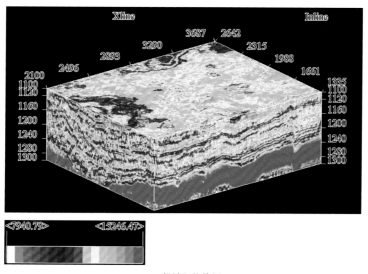

(a) 纵波阻抗特征

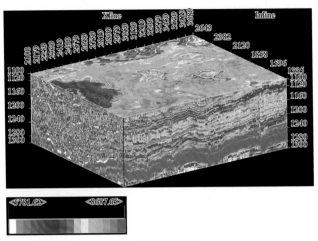

(b)横波阻抗特征

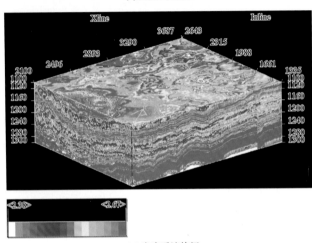

(c) 密度反演特征

图 12-76　阻抗、密度反演数据体

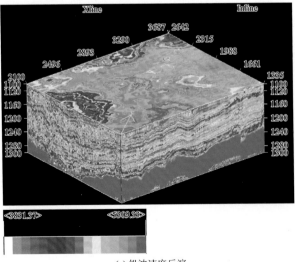

(a) 纵波速度反演

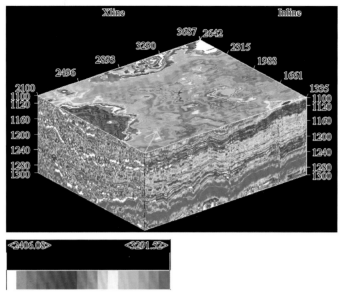

(b) 横波速度反演

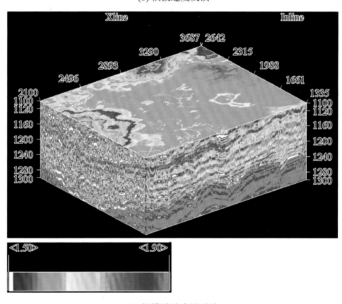

(c) 纵横波速度比反演

图 12-77　速度、速度比反演数据体

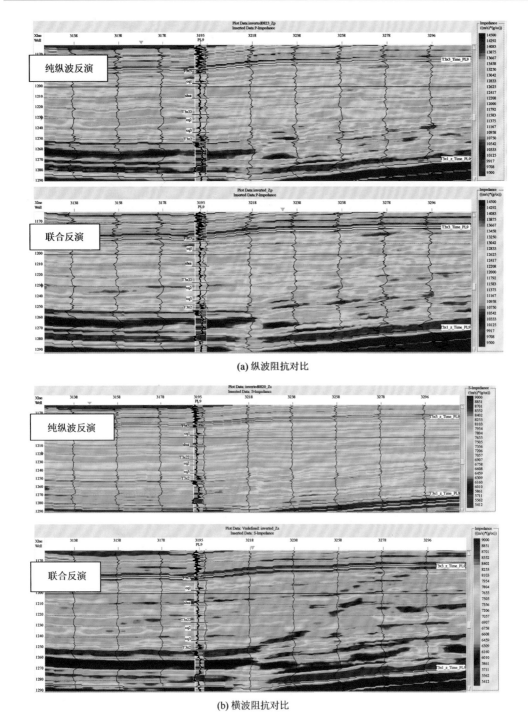

(a) 纵波阻抗对比

(b) 横波阻抗对比

图 12-78　联合反演与纵波反演结果对比

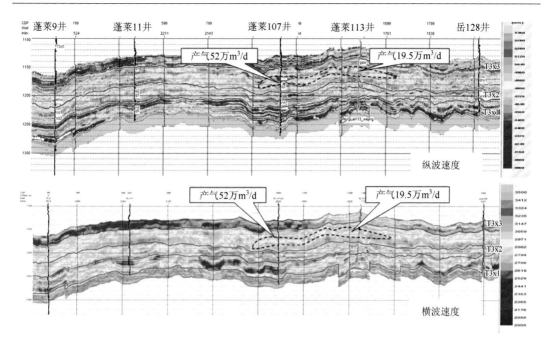

图 12-79　多波速度联合反演连井剖面

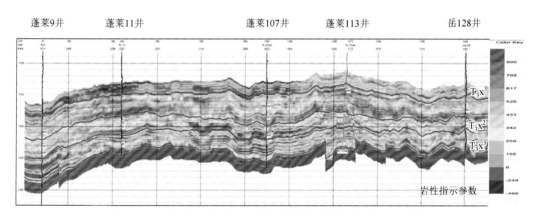

图 12-80　多波岩性联合反演连井剖面

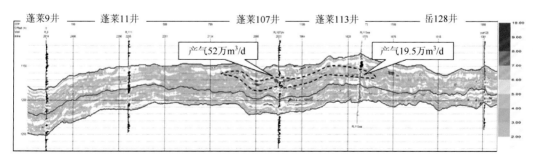

图 12-81　多波孔隙度联合反演连井剖面

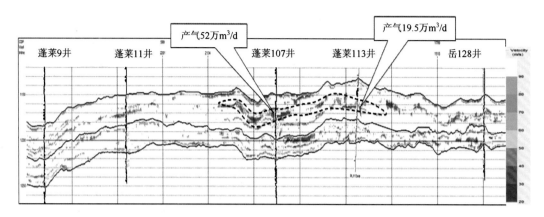

图 12-82　多波含气饱和度联合反演联井剖面

13 时频分析技术概述

13.1 时频分析基础

时间和频率为时频分析技术中度量信号最重要的两个参数，在信号处理及分析中广泛应用傅里叶变换。傅氏变换及其反变换表征了时域与频域之间的相互关系，主要研究平稳信号时域和频域；对于非平稳信号（频率随时间改变），可以给出一个大致的平均效果，对于非平稳信号（频率随时间变换）存在一定的局限性，地震信号实际上属于非平稳的时变信号范畴。

如果在独立的时域、频域中研究频率随时间变换（时变信号）的信号，则不能满足时变信号分析条件。只有将时、频域统一进行分析（时频分析）研究。才能实现真正意义上的时频信号分析。

13.2 时频分布的特性

在进行时频信号分析时，期望具有较强的功能：

（1）确定信号分量的个数。

（2）可以识别信号分量及交叉项。

（3）可以分辨出时频的平面上相距非常近的信号分量。

（4）能够对各个信号分量的瞬时频率进行大致估算。

时频分析方法的性能评价：时频聚集性和交叉项，可以表征各种信号的局部时频特性。

13.3 时频分析技术应用

时频分析技术在油气勘探开发中应用较为广泛，资料处理通常使用振幅补偿、时变滤波、提高分辨率、瞬时参数提取、分析沉积旋回、利用频谱成像进行综合地质解释，预测薄储层的厚度变化、储层含气性解释等。利用频率属性切片刻画断裂系统的展布情况。

利用时频分析技术可以对提取的属性体进行分析、对地震反射同相轴进行波形分类、通过模型正演分析、裂缝预测、油气检测、三维可视化等。对于分析各种地质条件下储层在地震时频谱上的响应特征，通过钻井标定，建立高产井时频谱的响应模式，为油气勘探开发提供重要的参考资料。

13.3.1 时频分析的优势和缺陷

1. 时频分析技术的优势

（1）解决了傅氏变换时频分析信号完全分离的缺点，进行时频信号分析，可以同时兼顾时频的性能。

（2）展示信号的时间和频谱能量密度的物理特性。

（3）较为准确地判断某一时刻存在的频率分量，或某一频率分量哪些时刻出现。

（4）通过对核函数约束条件的选择，针对不同的信号设计出符合期望性能的时频分布。

（5）为非平稳信号提供了分析方法及手段。

2. 时频分析技术存在的缺陷

（1）如果两个信号时频分布的和不是两个时频信号各自分布的和，肯定存在交叉信息。

（2）时频域去噪很费时，计算较为复杂，影响工作效率。

（3）虽然时频分布反映信号的能量分布，但其信号的"瞬时能量"不能确切地代表某一频率处的时频分布。

13.3.2　时频分析在地震勘探中的应用

（1）时频分析技术与属性分析技术相比，时频分析技术反映的河道形态及断层更加清晰，见图 13-1、图 13-2。

（2）通过对地震剖面时频成像分析，分析其储层含气性，提取不同频率的振幅属性剖面描述储层的含气性。

（3）四维地震中广泛采用时频分析技术指导油气藏的开发，对重复采集的地震数据进行精细处理。获得产层段所有频率成分属性的平均（RMS）谱，分析不同时期产层段的水淹程度，为开发方案的制定提供重要的参考资料。

（4）在获得时频谱的谱反演后，如何计算出随时间变化的地震子波显得尤为重要。利用地震数据提取时变子波求取反射系数剖面，见图 13-3，用于分辨薄储层、刻画较小的上超或下超、分析准层序分布及物源方向。

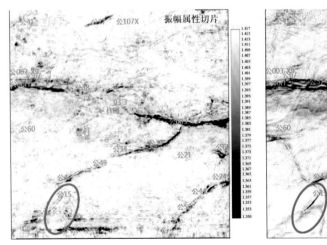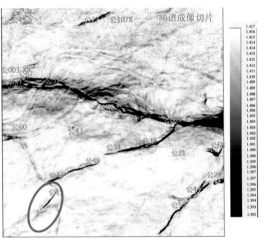

图 13-1　振幅属性切片与频谱成像比较

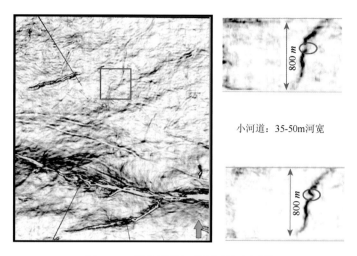

小河道：35-50m河宽

图 13-2 频率属性切片刻画的小河道

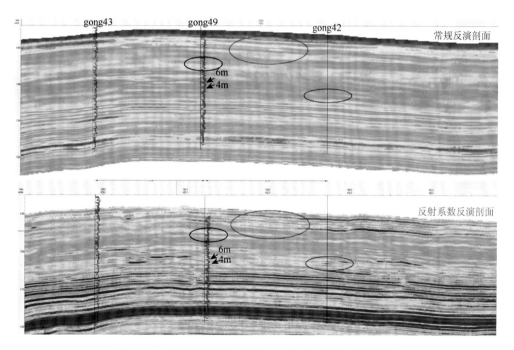

图 13-3 地震数据提取时变子波求取反射系数反演剖面

14 突变论解释技术

突变论为非线性科学理论中的分支技术，主要研究不连续现象。应用较为广泛的突变模型分别为"尖点、折叠、燕尾、椭圆脐、双曲、蝴蝶、抛物"突变。

尖点突变模型主要通过势函数的临界点进行分类，研究临界点附近的异常特征。近年来，为了对地球科学中的非线性现象进行解释，利用突变论，进行储层预测、裂缝检测、地质异常体边界识别；对沉积相、岩性、砂体、礁滩、颗粒滩、丘滩、盐丘、膏岩、杂卤石、优质页岩等复杂地质体进行识别；在地腹构造形态、断裂形成机制研究，储层综合预测、油气检测等方面应用效果较为明显。

地震波往下传播到波阻抗界面时（上下岩层密度、速度差异较大）产生地震反射波，在地面接收获得地震记录，该界面为一个突变面。在地质应力作用下，岩层发生断裂、产生裂缝以及含流体等，导致其岩石的密度及传播速度发生改变。岩性界面的反射系数变化大，地震反射剖面上的地震反射同相轴的动力学特征发生变化。应用突变论对地震反射剖面上各种复杂地质体进行综合精细解释，可以大大地降低钻探风险。

14.1 突变论在山地资料解释中的应用

地震反射记录的波形序列，反映了时间域的突变特征，如果仅仅通过地震反射同相轴波形的突变预测地层结构的变化，存在一定的局限性和不确定性。地质界面上、下地层结构变化使波阻抗相差较大时，由于地层的高频吸收能力较强，引起频谱发生较大的变化，因此频谱突变特征研究十分重要。必须深入细致地进行综合分析研究，频谱突变特征对各类储层预测意义重大。

频率域突变的重要参数为突跳势和突跳次数。利用时频转换获得地震信号的振幅谱序列，进而对振幅谱序列的频率突变进行分析。

地震反射同相轴波形发生突变的次数简称为突跳次数，四川盆地川西地区利用波形发生突变进行分析得知，位于峨眉山玄武岩喷发的区域及区域断裂带，突变次数呈现高值异常，"茅口组"灰岩顶界与上覆峨眉山玄武岩速度十分接近，该界面的波阻抗差较小，地震反射振幅较弱、同相轴连续性较差。

三维地震资料应用突变理论进行构造精细解释，对于识别喷发岩带较为适用，通过提取时频域突变参数，采用沿层切片分析，解释出地质异常体的边界，划分出含气有利区，为后期勘探部署提供依据。

14.2 突变论预测储层的含油气性

在四川盆地高磨地区利用突变理论对"灯四上亚段"储层进行含油气性预测，编制出含气有利区平面分布预测图（图14-1）。暖色调代表相对高突变，冷色调表示相对低突变。高产气井高石18井、高石10井、高石103井为相对高突变，工业气井高石20井为中突变，高石21井为低产井在相对低突变范围内。

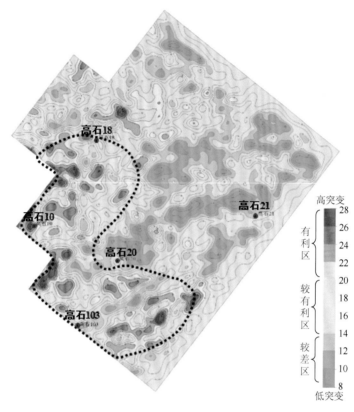

图 14-1 利用突变论预测含气有利区

14.3 突变论预测裂缝性储层

通过突跳势分析，对四川盆地高磨地区龙王庙组储层含气性进行预测，利用该区的突变势值编制出龙王庙组储层含油气性概率平面图，见图 14-2。高突跳势值对应于含油气性好，如高18、高20井突跳势值较高，为工业气井。高10、高21井位于低突跳势值区域，为低产井。因此，突变势值的高低可以预测储层的含油气性。

14.4 利用突变论识别地质体异常边界

川东地区"飞仙关组"鲕滩与围岩相比，围岩的速度、密度、视电阻率均较高，鲕滩的速度、密度、视电阻率相对低于围岩，可以利用突变论的突跳次数对鲕滩边界进行刻画，划分出鲕滩分布的平面区域。

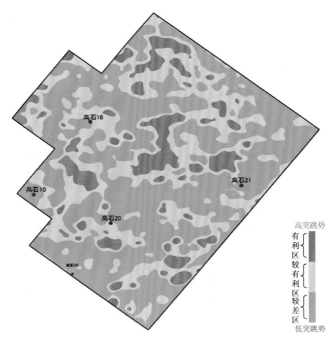

图 14-2 利用突跳势预测龙王庙储层含气性

四川盆地开江-梁平海槽的生物岩隆区发育较为广泛的鲕滩，利用突变值编制的平面图上，鲕滩分布区为能量减弱、形状和边界极不规则的圈闭形态。在突变参数编制的平面图上可以看出鲕滩分布规律性较强，利用突变参数可以自动识别鲕滩的边界，提高钻探成功率，见图 14-3。

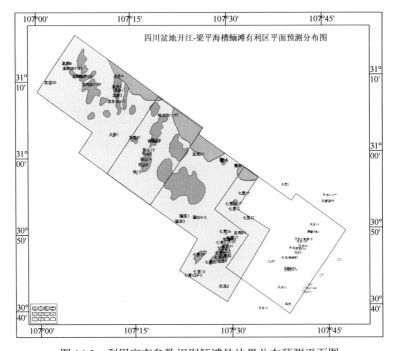

图 14-3 利用突变参数识别鲕滩的边界分布预测平面图

14.5 结论及认识

四川盆地突变技术应用效果较为突出，针对介壳灰岩、砂体、礁、滩、优质页岩、富钾矿物、岩性（石炭系）圈闭、裂缝发育带、碳酸盐岩缝洞储集体等地质异常体边界进行识别，已经取得了很好的地质效果。特别是对各类储层的预测，应用突变技术较为客观地反映出了地腹地质特征。结合多种油气检测技术，将不断地提高预测地腹地质体的精度，对储层进行精细雕刻，为油气勘探开发提供高质量的研究成果。

主要参考文献

陈爱萍，邹文，李亚林，等，2008. 起伏地表波动方程叠前深度偏移技术. 石油物探，47（5）：470-475.

高如曾，1988. 用地震动力学信息寻找微小断层的尝试. 石油地球物理勘探，23（4）：497-503.

李录明，党录瑞，等，2011. 频谱分解在生物礁储层油气检测中的应用. 物探化探计算技术，33（5）.

李正文，李琼，2003. 油气储集层裂缝非线性预测技术及其应用研究. 石油地球物理勘探，38（1）：48-52.

梁东星，胡素云，袁苗，等，2015. 四川盆地开江古隆起形成演化及其对天然气成藏的控制作用. 天然气工业，35（09）.

刘定锦，2009. 大川中地区须家河组地震层序分析. 川庆物探技术交流大会.

潘祖福，邵幼英，王进海，等，1992. 取得地震"三高"资料的新方法. 天然气工业，12（1）：1-9.

沈浩，汪华，文龙，等，2016. 四川盆地西北部上古生界天然气勘探前景. 天然气工业，36（8）.

王进海，唐怡，朱敏，等，2009. 复杂近地表结构的再认识. 天然气工业，29（11）：30-33.

王绪本，周茂林，尤淼，2011. Guptasarma 线性滤波算法在 CSAMT-维正演中的应用. 物探化探计算技术，33（3）.

张延充，2009. 泛开江-梁平海槽台缘生物礁勘探风险分析. 川庆物探技术交流大会.

郑荣才，何龙，梁西文，等，2013. 川东地区下侏罗统大安寨段页岩气成藏条件. 天然气工业，33（12）.

周大鑫，周茂林，2011. 基于立方体的 Shear-warp 体绘制加速算法. 物探化探计算技术，33（5）.

周路，郭海洋，欧阳明华，等，2014. 四川盆地安泉地区颈二段储层特征没有利区地震预测. 天然气工业，34（05）.